Tierärztliche Hochschule Hannover

Evaluation der Schmerzausschaltung bei der Kastration männlicher Saugferkel unter CO_2-Betäubung

Inaugural-Dissertation

zur Erlangung des Grades einer
Doktorin der Veterinärmedizin
-Doctor medicinae veterinariae-
(Dr. med. vet.)

Vorgelegt von
Maren Hoppe
Göttingen

Hannover 2011

Wissenschaftliche Betreuung: Univ.-Prof. Dr. Karl-Heinz Waldmann
Klinik für kleine Klauentiere und forensische Medizin und Ambulatorische Klinik

1. Gutachter: Univ.-Prof. Dr. Karl-Heinz Waldmann
Klinik für kleine Klauentiere und forensische Medizin und Ambulatorische Klinik

2. Gutachter: Prof. Dr. Sabine Kästner
Klinik für Kleintiere

Tag der mündlichen Prüfung: 17.05.2011

Bibliografische Information der Deutschen Nationalbibliothek
Die Deutsche Nationalbibliothek verzeichnet diese Publikation in der Deutschen Nationalbibliografie; detaillierte bibliografische Daten sind im Internet über http://dnb.d-nb.de abrufbar.
1. Aufl. - Göttingen : Cuvillier, 2011
Zugl.: Hannover (TiHo), Univ., Diss., 2011

Nonnenstieg 8, 37075 Göttingen
Telefon: 0551-54724-0
Telefax: 0551-54724-21
www.cuvillier.de

1. Auflage, 2011
Gedruckt auf säurefreiem Papier

978-3-86955-768-7

Meiner Familie

Inhaltsverzeichnis

Abkürzungsverzeichnis

Ag	Silber
AgCl	Silberchlorid
ALP	Forschungsanstalt Agroscope Liebefeld-Posieux, Schweiz
AVA	Association of Veterinary Anaesthetists
AV-Knoten	Atrioventrikularknoten
AVV LmH	Allgemeinen Verwaltungsvorschriften über die Durchführung der amtlichen Überwachung der Einhaltung von Hygienevorschriften für Lebensmittel tierischen Ursprungs und zum Verfahren zur Prüfung von Leitlinien für eine gute Verfahrenspraxis
Bet.	Betäubung
bzw.	beziehungsweise
ca.	circa
cm	Zentimeter
CSA	Compressed Spectral Array, komprimierte Spektraldarstellung
CO_2	Kohlenstoffdioxid, Kohlendioxid
DBV	Deutscher Bauernverband
DGKN	Deutsche Gesellschaft für klinische Neurophysiologie und funktionelle Bildgebung
d.h.	das heißt
DNS	Desoxyribonukleinsäure
EEG	Elektroenzephalogramm
EFSA	European Food Safety Authority, Europäische Behörde für Lebensmittelsicherheit
EG	Europäische Gemeinschaft
EKG	Elektrokardiogramm
EPSP	Erregendes postsynaptisches Potential
EU	Europäische Union
EWG	Europäische Wirtschaftsgemeinschaft
Fa.	Firma

FIHV	Verordnung über die hygienischen Anforderungen und amtlichen Untersuchungen beim Verkehr mit Fleisch, „Fleischhygieneverordnung“
FVE	Federation of Veterinarians of Europe, Föderation der Tierärzte in Europa
g	Gramm
GG	Gesamtgruppe
ggr.	geringgradig
GmbH	Gesellschaft mit beschränkter Haftung
GnRH	Gonadotropin-Releasing-Hormon
Gr.	Gruppe
griech.	griechisch
H^+-Ion	Wasserstoff-Kation
HDE	Hauptverband des Deutschen Einzelhandels
hgr.	hochgradig
Hz	Hertz
IASP	International Association for the Study of Pain, Internationale Vereinigung der Schmerzforschung
IPSP	Inhibierendes postsynaptisches Potential
K^+-Ion	Kalium-Kation
kg	Kilogramm
lat.	lateinisch
LH	Luteinisierendes Hormon
LHRH	Luteinisierendes Hormon Releasing-Hormon
l/min	Liter pro Minute
m^2	Quadratmeter
m^3	Kubikmeter
MAK	Maximale Arbeitsplatzkonzentration
Max.	Maximum
MED	Median
mg	Milligramm

µg	Mikrogramm
min	Minute
Min.	Minimum
MIK	Maximale Immissionskonzentration
ml	Milliliter
mmHg	Millimeter Quecksilbersäule, Maßeinheit des Druckes
mmol/ml	Millimol pro Milliliter
µV	Mikrovolt
n	Anzahl
nm	Nanometer
Nr.	Nummer
NSAID	nonsteroidal antiinflammatory drug, nichtsteroidales Antiphlogistikum
o.	oder
O_2	Sauerstoff
PIGCAS	Attitudes, practices and state of the art regarding piglet castration in Europe, europäisches wissenschaftliches Forschungsprojekt
Proz_Puls	prozentuale Abweichung der Pulsfrequenz nach der Betäubung von dem Ausgangswert
Proz_SpO_2	prozentuale Abweichung des SpO_2-Messwertes nach der Betäubung von dem Ausgangswert
p-Wert	Irrtumswahrscheinlichkeit
QS-System	Qualität und Sicherheit GmbH
RL	Richtlinie
s.c.	subkutan
sec	Sekunde
SEF80	Spektrale Eckfrequenz 80
SpO_2	Sauerstoffsättigung des Blutes
TSchG	Tierschutzgesetz
t-Wert	standardisierte Differenzen der Stichprobenmittelwerte bei Normalverteilung

u.	und
UVM	Umfangsvermehrung
VDF	Verband der Fleischwirtschaft e. V.
VO	Verordnung
vs.	versus
z.B.	zum Beispiel
ZNS	Zentrales Nervensystem
z. Zt.	zur Zeit

Abbildungsverzeichnis

Tabellenverzeichnis

1 Einleitung

In der Europäischen Union (EU) werden jährlich etwa 100 Millionen männliche Schweine in den ersten Lebenswochen kastriert. Damit soll das Auftreten von eberspezifischem Geruch und Geschmack, insbesondere beim Erhitzen von Schweinefleisch, verhindert werden (EUROPEAN FOOD SAFETY AUTHORITY 2004; HEINRITZI et al. 2008; VON BORELL 2008). Die chirurgische Saugferkelkastration darf in der EU nach der Richtlinie 2001/93/EG in der ersten Lebenswoche durch den Landwirt und ohne Schmerzausschaltung durchgeführt werden. Diese Regelung wurde in Deutschland im Deutschen Tierschutzgesetz übernommen. Die Schmerzhaftigkeit der Kastration konnte in diversen Studien nachgewiesen werden. Zudem konnte das früher angenommene geringere Schmerzempfinden von Neonaten widerlogt werden (ZIMMERMANN 1991). Daher bleibt die Festlegung des frühen Kastrationszeitpunkts wissenschaftlich unbegründet. Aus ethischen und tierschutzrechtlichen Gründen wurden zunehmend Forderungen nach Methoden zur Schmerzausschaltung und/oder Alternativen zur chirurgischen Kastration gestellt. 2001 wurde von der Federation of Veterinarians of Europe (FVE 2001) in einer öffentlichen Stellungnahme die Reevaluierung der betäubungslosen Saugferkelkastration sowie die Entwicklung alternativer Methoden gefordert. 2004 folgte die Stellungnahme der Europäischen Behörde für Lebensmittelsicherheit (EFSA), die erheblichen Forschungsbedarf in der Entwicklung und Bewertung von Alternativmethoden sieht. Aus diesem Grund wurde die Gründung eines wissenschaftlichen Forschungsprojekts (PIGCAS) in das 6. EU-Rahmenprogramm 2007 übernommen. Ziel dieses Projekts war und ist die Beschaffung von Informationen über die verschiedenen Methoden der Kastration innerhalb der EU sowie die Erfassung der momentan praktikablen Alternativen und schließlich die Vorlage einer Empfehlung für die Europäische Kommission (FREDRIKSEN et al. 2009; VON BORELL 2008). 2008 veröffentlichten der Deutsche Bauernverband (DBV), der Verband der Fleischwirtschaft e.V. (VDF) und der Hauptverband des Deutschen Einzelhandels (HDE) eine gemeinsame Erklärung, deren Zielsetzung der langfristigen Verzicht auf die Saugferkelkastration beinhaltet. Bis zur Entwicklung praxistauglicher Alternativmethoden wurde der Einsatz von schmerzstillenden Mitteln ab 2009 vereinbart, der vom QS-System (Qualität und Sicherheit GmbH) umgesetzt wurde.

In Norwegen ist die Kastration ohne Schmerzausschaltung seit 2002 verboten. In der Schweiz ist dies seit 2009 der Fall. Hier wird die Schmerzausschaltung durch einen Tierarzt ausgeführt. In den Niederlanden wird eine Betäubung mittels CO_2 vom Landwirt durchgeführt, da sich dort Fleisch unbetäubt kastrierter Schweine nicht mehr vermarkten lässt. Diese Form der Betäubung wird jedoch zunehmend in Frage gestellt, da die Inhalation von CO_2 als schmerzhaft und äußerst Stress verursachend gilt. 2009 veröffentlichte die Association of Veterinarian Anaesthetists (AVA) ihre Stellungnahme zur Betäubung mit CO_2, in der diese als nicht geeignete Methode zur Kastration von Saugferkeln bezeichnet wird.

Ziel dieser Arbeit war es, die Wirkungsweise der CO_2-Betäubung in der in den Niederlanden angewandten Konzentration zu untersuchen. Dazu sollten die Schmerzausschaltung und die Narkosewirkung insbesondere mittels Elektroenzephalographie (EEG) beurteilt werden. Des Weiteren kamen Messungen mittels Elektrokardiographie (EKG) und Pulsoxymeter zum Einsatz. Verglichen wurden CO_2-betäubte und unbetäubte Tiere. Zusätzlich sollte der Einfluss schmerzstillender nichtstereoidaler Medikamente in Abhängigkeit vom Applikationszeitpunkt untersucht werden.

2 Literaturübersicht

2.1 Rechtliche Grundlagen der Ferkelkastration

2.1.1 Gesetzliche Bestimmungen in Deutschland

Im Deutschen Tierschutzgesetz der Fassung vom 18. Mai 2006, das zuletzt durch das Gesetz vom 15. Juli 2009 geändert wurde, ist die Ferkelkastration in den §§ 5 und 6 des Vierten Abschnitts, der Eingriffe an Tieren regelt, gesetzlich verankert (2009).

> §5 (1) An einem Wirbeltier darf ohne Betäubung ein mit Schmerzen verbundener Eingriff nicht vorgenommen werden. Die Betäubung warmblütiger Wirbeltiere (...) ist von einem Tierarzt vorzunehmen(...).
> § 5 (3) 1a Eine Betäubung ist ferner nicht erforderlich für das Kastrieren von unter acht Tage alten männlichen Schweinen, sofern kein von der normalen anatomischen Beschaffenheit abweichender Befund vorliegt.
> § 6 (1) Verboten ist das vollständige oder teilweise Amputieren von Körperteilen oder das vollständige oder teilweise Entnehmen oder Zerstören von Organen oder Geweben eines Wirbeltieres.
> Das Verbot gilt nicht, wenn ein Fall des § 5 Absatz (Abs.) 3, 1a (...) vorliegt.
> Eingriffe nach Satz 2 Nr. 2 (...) dürfen auch durch eine andere Person vorgenommen werden, die die dazu notwendigen Kenntnisse und Fähigkeiten hat.
> Im Anschluss an die Kastration eines über sieben Tage alten Schweins sind schmerzstillende Arzneimittel einschließlich Betäubungsmittel bei dem Tier anzuwenden."
> §6 (2) Verboten ist, beim Amputieren oder Kastrieren elastische Ringe zu verwenden; dies gilt nicht im Falle des Absatzes 3 Nr. 3 oder des § 5 Absatz 3 Nr. 4.

Die neue Fassung des Tierschutzgesetzes vom 18. Mai 2006 entspricht der nationalen Ausführung der europäischen Richtlinie 2001/93/EG der Kommission vom 9. November 2001 zur Änderung der Richtlinie 91/630/EWG über Mindestanforderungen für den Schutz von Schweinen (2001). Lediglich das Verbot der Kastration mittels Herausreißen des Hodengewebes wurde nicht in das nationale Recht aufgenommen.

Am 29.08.2008 veröffentlichten der Deutsche Bauernverband (DBV), der Verband der Fleischwirtschaft (VDF) und der Verband des Deutschen Einzelhandels (HDE) gemeinsam die so genannte Düsseldorfer Erklärung (HDE 2008). In dieser verpflichten sich die beteiligten Parteien zu einer gemeinsamen Entwicklung eines alternativen Verfahrens, um langfristig auf die Ferkelkastration vollkommen zu verzichten. Bis dahin sei „die Ferkelkastration in Verbindung mit einem schmerzstillenden Mittel durchzuführen". Die Ausführung solle durch das QS-System (Qualität und Sicherheit GmbH) erfolgen (DEUTSCHER BAUERNVERBAND, VERBAND DER FLEISCHWIRTSCHAFT E. V., HAUPTVERBAND DES DEUTSCHEN EINZELHANDELS 2008; QS QUALITÄT und SICHERHEIT GMBH 2009a).

2.1.2 Gesetzliche Bestimmungen im Ausland

Norwegen

Das norwegische Parlament verabschiedete im Jahr 2002 eine Änderung des norwegischen Tierschutzgesetzes, nach der seit dem 01. August 2002 die Kastration von Saugferkeln nur noch durch einen Tierarzt und unter Schmerzausschaltung durchgeführt werden darf. Ab dem 01. Januar 2009 sollte die Kastration von Ferkeln in Norwegen generell verboten werden. Allerdings wurde diese Bestimmung aufgrund mangelnder Alternativen auf unbestimmte Zeit verschoben (TOPAGRAR ONLINE 2008).

Schweiz

In der Schweiz ist die chirurgische Kastration ohne Schmerzausschaltung seit dem 01.01.2009 verboten (Eidgenössisches Tierschutzgesetz vom 16.12.2005, 2. Kapitel, 5. Abschnitt, Artikel 16 und 6. Kapitel, 2. Abschnitt, Artikel 44: Übergangsbestimmungen zu Artikel 16). Die Begrenzung der Erlaubnis zur chirurgischen Kastration unter Schmerzausschaltung auf die ersten zwei Lebenswochen und die Nachweispflicht der Sachkunde des durchführenden Tierhalters wurden in der Tierschutzverordnung vom 23. April 2008 (3. Kapitel, 1. Abschnitt, Artikel 32.1 und 2) ab dem 01.09.2008 bestimmt. Da sich bislang noch keine praktikablen Alternativen zur chirurgischen Saugferkelkastration gefunden haben, wurde in der Erläuterung der einzelnen Bestimmungen der neuen Tierschutzverordnung (11. Kapitel: Schlussbestimmungen, 2. Abschnitt: Übergangs- und Ausnahmebestimmungen, Artikel 224: Übergangsbestimmung für die Ausnahme von der Pflicht zur Schmerzausschaltung bei der Kastration von männlichen Ferkeln) die Verlängerung der Frist des Artikel 44 TSchG bis zum 31.12.2009 festgelegt.
Seit dem 01. Januar 2010 ist keine Ausnahmeregelung von der Betäubungspflicht für die Kastration von Ferkeln mehr zugelassen.

2.2 *Indikation zur Kastration männlicher Ferkel*

2.2.1 Fleischhygienegesetz

Bis zum 01. Januar 2006 galt die Fleischhygieneverordnung („Verordnung über die hygienischen Anforderungen und amtlichen Untersuchungen beim Verkehr mit Fleisch“, FlHV) in der Fassung vom 29. Juni 2001, die zuletzt am 08. August 2007 geändert wurde. In deren Anlage I, Kapitel I hieß es:
„2. Als tauglich (...) 2.3 dürfen auch der Tierkörper und die Nebenprodukte der Schlachtung von männlichen nicht kastrierten Schweinen mit einem Gewicht des Tierkörpers von über 80 kg beurteilt werden, sofern ihr Fleisch mit einem geeigneten Test auf 5-alpha-Androstenon untersucht und die Höchstmenge von 0,5 µg/g Fett nicht überschritten worden ist.“ Dementsprechend musste das Fleisch jedes nicht

kastrierten männlichen Schweins weiter auf seinen Androstenongehalt untersucht werden, sofern es ein Schlachtkörpergewicht über 80 kg hatte. In Deutschland liegt das Gewicht in der Regel über dieser Grenze (EUROPEAN FOOD SAFETY AUTHORITY 2004).

Seit 2006 ist die VO EG 854/2004 in nationales Recht umgesetzt worden, in der im Anhang I, Abschnitt II, Kap. V, Nr. 1p Fleisch als genussuntauglich erklärt wird, wenn es sich um Fleisch mit „ausgeprägtem Geschlechtsgeruch" handelt. In den Allgemeinen Verwaltungsvorschriften über die Durchführung der amtlichen Überwachung der Einhaltung von Hygienevorschriften für Lebensmittel tierischen Ursprungs und zum Verfahren zur Prüfung von Leitlinien für eine gute Verfahrenspraxis (AVV Lebensmittelhygiene - AVV LmH) wird ferner geregelt, dass zur „Feststellung von Geruchs- und Geschmacksabweichungen im Sinne der Verordnung (EG) Nr. 854/2004" das Mikrowellen-Diathermie-Verfahren oder eine Kochprobe zum Einsatz kommen muss (Anlage IV. 6.). Ein Androstenontest ist nicht mehr vorgesehen.

2.2.2 Ebergeruch

Während der Geschlechtsreife der Eber beginnen die Leydig-Zwischenzellen des Hodens neben Testosteron auch Androstenon zu bilden (MEINECKE 2000; PLONAIT 2004a). Androstenon wirkt als Pheromon und wird vom Eber mit dem Speichel ausgeschieden, um die Sau sexuell zu stimulieren (BAUMANN 2002; PLONAIT 2004a).

Die Einlagerung des fettlöslichen Androstenons in Gewebe führt zu einem urinartigen Geruch und Geschmack des Fleisches, der durch Erhitzen noch verstärkt wird (VON BORELL 2008).

Außerdem konnten neben dem Metaboliten 5alpha-Androst-16-en-3-on auch Skatole (3-Methylindole) für den so genannten Ebergeruch verantwortlich gemacht werden. Diese führen durch Einlagerung in Fettgewebe zu einer eher fäkalartigen Geruchskomponente (HEINRITZI et al. 2008; ZAMARATSKAIA u. SQUIRES 2008).

Skatole entstehen als bakterielles Abbauprodukt des Tryptophans im Dickdarm. Sie können somit - im Gegensatz zu Androstenonen - durch Ernährung und Umweltfaktoren beeinflusst werden (PAULY et al. 2009; SPRING et al. 2009; ZAMARATSKAIA u. SQUIRES 2008).
Synthese und Abbau dieser Stoffe beeinflussen ihre Konzentration in den Geweben. Eine genetische Determination besteht demnach in der Ausbildung entsprechender Proteine und Enzyme, die diese Stoffwechselvorgänge katalysieren. Weitere Stoffe stehen im Verdacht, an der Entstehung des Ebergeruchs beteiligt zu sein (ZAMARATSKAIA u. SQUIRES 2008).
Ohne Kastration weist das Fleisch von ca. 10% der männlichen geschlechtsreifen Schweinen nach der Schlachtung Ebergeruch auf (WENGER et al. 2002).

2.2.3 Haltungsprobleme

Ein weiteres Problem stellt die Haltung unkastrierter männlicher Schweine dar. Durch Rangordnungskämpfe sowie Besteigen der Artgenossen kann es zu Verletzungen und somit negativen Auswirkungen auf die Fleischbeschaffenheit kommen. Auch für den Tierhalter stellen Eber im Vergleich zu Kastraten ein erhöhtes Sicherheitsrisiko dar. Häufige Rangordnungskämpfe korrelieren positiv mit dem Auftreten von Ebergeruch. Das Zusammenbleiben einer Tiergruppe von der Geburt bis zur Schlachtung wirkt stabilisierend auf die Rangordnung innerhalb der Tiergruppe. Folglich kann das Auftreten von Ebergeruch durch die Haltung beeinflusst werden. Die Ebermast stellt dementsprechend erhöhte Anforderungen an den Tierhalter (BOYLE u. BJORKLUND 2007; HEINRITZI et al. 2008; PAULY et al. 2009).

2.3 Alternativen zur chirurgischen Kastration männlicher Ferkel

Ca. 80 % der männlichen Schweine werden kastriert, um die Entstehung von Ebergeruch zu verhindern. Das entspricht europaweit etwa 100 Millionen Schweinen jährlich (HEINRITZI et al. 2008; VON BORELL 2008).

In Großbritannien und Irland sowie einigen weiteren Staaten ist es dagegen üblich, die Tiere unkastriert mit einem Gewicht von ca. 80 kg zu schlachten und zu verwerten (FREDRIKSEN et al. 2009). In diesen Ländern wird Ebergeruch nicht als Problem angesehen. In den meisten anderen europäischen Ländern lässt sich evtl. geruchsbelastetes Fleisch jedoch nicht vermarkten. Aufgrund der seit längerem geführten kontroversen Diskussion bezüglich der Tierschutzrelevanz der betäubungslosen Kastration, wird vermehrt nach Alternativen gesucht. Hierzu wurde durch die europäische Legislative (Europarat und Europaparlament) das 2007 beginnende Projekt PIGCAS („Attitudes, practices and state of the art regarding piglet castration in Europe") eingerichtet, um den aktuellen Stand der Wissenschaft sowie zukünftige Vorgehensweisen zu erfassen (FREDRIKSEN et al. 2009; HEINRITZI et al. 2008). Mögliche Alternativen seien hier kurz vorgestellt.

2.3.1 Immunisierung gegen GnRH

Eine Alternative zur chirurgischen Kastration stellt die so genannte immunologische Kastration dar. Hierfür injizierten FALVO et al. (1986) und AWONIYI et al. (1986) männlichen Schweinen ein GnRH-Analogon (LHRH, luteinizing hormone-releasing hormone). Der Anstieg der Antikörper gegen LHRH konnte im Blut gemessen werden. Außerdem war eine Reduktion des Plasma-LH-Werts und der Plasma-Testosteronkonzentration messbar. Es kam zu einer Gewichtsverminderung der Hoden sowie der akzessorischen Geschlechtsdrüsen. Das Auftreten von Ebergeruch war reduziert.

Auf den Markt gebracht wurde dieser Impfstoff zunächst von der Fa. *Pfizer*, Berlin. Unter dem Namen *Improvac* ® wurde er in der Schweiz, in Australien, Neuseeland, auf den Phillippinen, in Brasilien, Mexiko, Costa Rica, Korea, Thailand und Südafrika vertrieben (HEINRITZI et al. 2008). Der Impfstoff muss zweimal im Abstand von mindestens vier Wochen injiziert werden, wobei die zweite Injektion vier bis sechs Wochen vor der Schlachtung liegen muss (HEINRITZI et al. 2008; ZAMARATSKAIA u. SQUIRES 2008). DUNSHEA et al. (2001) stellten fest, dass die täglichen Zunahmen der so behandelten Tiere zum Teil größer als die der chirurgisch kastrierten Tiere sind. FUCHS (2009) konnte dies nicht bestätigen. Allerdings konnten sowohl DUNSHEA et al. (2001) als auch FUCHS (2009) einen höheren Magerfleischanteil dieser Tiere feststellen. Das Sozialverhalten der immunokastrierten Tiere entspricht dem unkastrierter Eber (HEINRITZI et al. 2008). Fraglich bleibt jedoch, ob diese hormonelle Behandlung von der Öffentlichkeit akzeptiert wird (EUROPEAN FOOD SAFETY AUTHORITY 2004). Schon jetzt weigern sich große Firmen, wie *Tönnies*, Rheda-Wiedenbrück, *Improvac*®-geimpfte Tiere zu schlachten. Auch die Effektivität der Impfung bleibt fraglich (EUROPEAN FOOD SAFETY AUTHORITY 2004). Inzidenzen von 0,4% geruchsbelasteter Tiere werden angegeben (HEINRITZI et al. 2008). FUCHS (2009) beobachtet sogar 2 bzw. 3% geruchsauffällige Tiere, deren Fleisch in einer Koch- bzw. Schmelzprobe als sensorisch abweichend bewertet wurde. Zudem bleibt die Anwendersicherheit im Falle einer Selbstinjektion unsicher (EUROPEAN FOOD SAFETY AUTHORITY 2004; VON BORELL 2008).

2.3.2 Jungebermast

In Irland und im Vereinten Königreich von England werden Eber üblicherweise bei einem Gewicht von unter 100 kg geschlachtet (VON BORELL 2008). Zu diesem Zeitpunkt haben die wenigsten Tiere das Stadium der Pubertät erreicht. Dadurch ist bei den meisten Tieren der Geschlechtsgeruch noch nicht entwickelt. Allerdings ist bei diesen Tieren keine hundertprozentige Sicherheit für das Ausbleiben der unerwünschten Geruchskomponenten gegeben. Trotzdem wird Ebergeruch in diesen Ländern nicht als Problem gesehen.

Nachteile der Ebermast sind jedoch neben dieser verbleibenden Unsicherheit auch die schwierigere Haltung unkastrierter Eber. Diese sind gegenüber ihren kastrierten Artgenossen aggressiver. Rangkämpfe finden statt, und sowohl männliche als auch weibliche Artgenossen werden bestiegen, wobei es zu Verletzungen kommen kann. BOYLE u. BJÖRKLUND stellten fest, dass das am wenigsten aggressive Verhalten in Haltungsgruppen von nur weiblichen Tieren vorkommt. Eber dagegen verhalten sich in gemischten Gruppen weniger aggressiv als in reinen Ebergruppen (BOYLE u.

BJÖRKLUND 2007). Dem Bericht der EFSA (2004) zufolge sollten die Schweine auch zum Transport nicht mit anderen Tieren gemischt werden, um Rangkämpfe zu vermeiden. Die geringsten Probleme zeigten Tiergruppen, die von der Geburt bis zur Schlachtung konstant blieben.
Die Ebermast birgt jedoch auch Vorteile. Die unkastrierten Eber sind gegenüber den kastrierten die besseren Futterverwerter. Neben höheren Proteinanteilen bilden sie auch geringere Fettschichten, wie es häufig vom Verbraucher gewünscht wird. Zudem ist ihr Fett weicher, da es mehr ungesättigte Fettsäuren enthält. Aus dietätischer Sicht des Menschen ist es daher wertvoller als das Fleisch kastrierter Eber (EUROPEAN FOOD SAFETY AUTHORITY 2004; ZAMARATSKAIA u. SQUIRES 2008).

2.3.3 Elektronische Nase

Problematisch bei der elektronischen Detektion der Geruchsstoffe ist deren inhomogene Zusammensetzung. Neben den Hauptkomponenten der Skatole und Androstenone werden weitere, bisher nicht genau identifizierte Bestandteile vermutet (ZAMARATSKAIA u. SQUIRES 2008). Momentan existiert keine standardisierte chemische und sensorische Methode (EUROPEAN FOOD SAFETY AUTHORITY 2004).
In der Schweiz untersucht die Forschungsanstalt Agroscope Liebefeld-Posieux als Teil des Bundesamtes für Landwirtschaft die Weiterentwicklung von Laborgeräten bezüglich ihrer Praxistauglichkeit. Deren System nimmt Gehalte an Androstenon und Skatolen über bestimmten Grenzen mittels Massenspektrometrie wahr und erkennt zwischen 95 und 100% der Schlachtkörper mit Ebergeruch. Mit einer Analysezeit von 200 Sekunden ist diese Methode jedoch noch nicht für den breiten Einsatz an den Schlachthöfen geeignet (AMPUERO KRAGTEN et al. 2007). Zudem wiesen in Untersuchungen von FUCHS (2009) Schlachtkörper mit geruchsauffälligem Fleisch Skatol- und Androstenongehalte unterhalb der festgelegten Wahrnehmungsgrenzen auf.

2.3.4 Spermasexing

Beim Spermasexing findet eine Selektion der Spermien in der Samenflüssigkeit mittels Durchflusszytometrie statt, um Muttersauen ausschließlich mit X-chromosomalen Spermien zu besamen. Die Technik des Sortierens, bei der die X- und Y-Chromosomen aufgrund ihrer verschiedenen DNS-Gehalte getrennt werden, ist im Labor möglich aber noch nicht praxistauglich (HEINRITZI et al. 2008). Der Vorgang ist sehr zeitintensiv und benötigt große Mengen an Sperma, um die benötigten hohen Zahlen an motilen Spermien zu gewinnen. Um die Reproduktionsleistung unter Nutzung sortierten Spermas konstant zu halten, besteht noch viel Forschungsbedarf. Neben dem Wegfall der Problematik der Fleischqualität bezüglich des Auftretens von Ebergeruch, ist auch die Haltung rein weiblicher Tiergruppen unproblematischer, da diese weniger Rangordnungs- und Sexualverhalten zeigen. Zudem ist die Futterverwertung gegenüber Kastraten verbessert, wodurch sich die Futterkosten in der Mast verringern (HEINRITZI et al. 2008; VON BORELL 2008).

2.3.5 Genetische Determination

Die Produktion von Skatolen und Androstenonen wird mit relativ hoher Heritabilität vererbt (EUROPEAN FOOD SAFETY AUTHORITY 2004; HEINRITZI et al. 2008). Die Heritabilität von Androstenon liegt laut ZAMARATSKAIA u. SQUIRES (2008) zwischen 0,25 und 0,87. Zwischen Androstenon und Skatolen besteht eine positive Korrelation, so dass eine Selektion auf Reduktion einer Komponente zur Verminderung der anderen Komponente führt. Allerdings ist momentan diese Selektion noch mit verminderten Testosteron- und Östrogen-Konzentrationen korreliert, was wiederum geringere Mastleistungen und eine Verzögerung der Geschlechtsreife sowohl in Mutter- als auch in Vaterlinien zur Folge hätte (HEINRITZI et al. 2008; ZAMARATSKAIA u. SQUIRES 2008). Untersuchungen deuten an, dass kein einzelnes Stoffwechselgen für den Ebergeruch verantwortlich ist, sondern dieser von der polymorphen Ausprägung mehrerer Gene abhängt (ZAMARATSKAIA u. SQUIRES 2008).

2.4 *Chirurgische Saugferkelkastration*

Derzeit werden in der EU ca. 80 % der männlichen Ferkel kastriert. In den meisten Ländern wird der Eingriff vom Landwirt selbst durchgeführt. Ausnahmen hiervon sind die Tschechische Republik, Slowakei, Estland, Litauen und Norwegen. Hier wird die Kastration meist durch einen Tierarzt vorgenommen. In Norwegen ist es seit 2002 Vorschrift, hierzu die Ferkel zu betäuben. Einige Länder bilden speziell für die Kastration veterinärmedizinisch-technische Assistenten aus. Hierzu gehören Slowenien, Ungarn, Lettland, Litauen, Italien und Zypern (FREDRIKSEN et al. 2009). In Litauen, Ungarn, Polen und der Slowakei wird zumeist eine Lokalanästhesie durchgeführt. In Ungarn und Polen wird zum Teil eine Betäubung durch den Landwirt vorgenommen (FREDRIKSEN et al. 2009; VON BORELL 2008). Über den Einsatz einer Allgemeinanästhesie per Injektion wird in Polen, Slowenien, in der Slowakei, in der Schweiz, in Österreich und Schweden berichtet (FREDRIKSEN et al. 2009).

2.4.1 Anatomie des Geschlechtsapparates beim Ferkel

Beim männlichen Schwein liegt das Skrotum in der Regio perinealis breitflächig der Kaudalseite der Schenkel an. Die Hoden weisen eine ovale Form auf und sind beim Schwein verhältnismäßig zur Körpergröße groß. Ihnen sind die Nebenhoden kranial angelagert, so dass der Nebenhodenschwanz nach kaudodorsal, der Nebenhodenkopf ventrokranial gerichtet ist. Medial vom Nebenhoden verläuft der Ductus deferens, vom Nebenhodenschwanz kommend in Richtung auf den jeweiligen Leistenring zu. In Höhe des Nebenhodenkopfes zieht er gemeinsam mit der Arteria testicularis und dem Plexus pampiniformis der Vena testicularis als Samenstrang weiter und folgt dem Penis lateral anliegend. Der Hoden wird von einer bindegewebigen Organkapsel, der Tunica albuginea testis, überzogen, deren Septen auch ins Innere des Hodens ziehen. Diese Hülle ist fest mit der Lamina visceralis der Tunica vaginalis verwachsen. Diese stellt die Ausstülpung serösen Bauchfells dar. Die Bindegewebssepten der Tunica albuginea laufen radiär auf das in der zentralen Längsachse des Hodens verlaufenden Mediastinum testis zu, in dem sie sich vereinigen. Sie beinhalten Blutgefäße und Nervenzellen und unterteilen das Hodenparenchym in Hodenläppchen. Dieses enthält die wesentlichen Strukturelemente des Hodens: das Kanälchensystem, das der Samenzellproduktion dient, und ein Zellsystem, das für die Hormonproduktion verantwortlich ist. Die Leydigzellen oder auch Zwischenzellen bilden die Androgene Testosteron und in geringen Mengen Östrogen (MEINECKE 2000). Durch die Androgene wird die Ausbildung und Funktionsfähigkeit der Geschlechtsorgane, insbesondere der Hoden und der akzessorischen Geschlechtsdrüsen, gesteuert. Zudem beeinflusst ihre Produktion das äußere Erscheinungsbild sowie das Verhalten des Ebers (GILLE 2005; NICKEL et al. 1976; SCHNORR 1989).

2.4.2 Zeitpunkte der Kastration

Das Durchschnittsalter der Ferkel bei der Kastration innerhalb der EU beträgt 3 bis 7 Tage, wobei zwischen den einzelnen Ländern auch große Unterschiede auftreten (EUROPEAN FOOD SAFETY AUTHORITY 2004; FREDRIKSEN et al. 2009).
Gemäß der Richtlinie 2001/93/EG kann eine betäubungslose Kastration der männlichen Ferkel bis zum siebten Lebenstag durchgeführt werden. In Deutschland wurde diese Vorgabe 2009 in nationales Recht umgesetzt (Deutsches Tierschutzgesetz §5 (3) 1a).
Dieser frühe Kastrationszeitpunkt wird empfohlen, da es durch die kleineren Operationswunden, die schnellere Wundheilung und eine seltenere Wundinfektion zu einer geringeren Belastung der Tiere kommt (PLONAIT 2004a). Außerdem kann die Kastration so durch eine Person durchgeführt werden.

2.4.3 Aktuelle Methoden der Kastration

Die Kastration wird in der „Düsseldorfer Erklärung“ des DBV, des VDF und des HDE als „anerkanntes, traditionelles Verfahren zur Sicherung der Fleischqualität“ bezeichnet (DEUTSCHER BAUERNVERBAND, VERBAND DER FLEISCHWIRTSCHAFT E. V., HAUPTVERBAND DES DEUTSCHEN EINZELHANDELS 2008). Bei der üblichen Methode der Kastration männlicher Saugferkel wird das Ferkel auf dem Rücken liegend festgehalten oder in eine spezielle Vorrichtung eingespannt. Dann werden die Hoden mit den Fingern im Skrotum seitlich fixiert. Die Skrotalhaut und der Prozessus vaginalis werden mit einem Skalpell durchtrennt. Sowohl die Ausführung eines Querschnitts mit gleichzeitiger Eröffnung beider Skrotalhälften, als auch zwei parallele Längsschnitte, die jeweils nur eine Skrotalhälfte eröffnen, sind in der Praxis üblich. Nach der Entnahme der Hoden aus dem Skrotum werden der Samenstrang und das Mesorchium durchtrennt, wobei der Einsatz eines Emaskulators der Verwendung eines Skalpells oder einer Schere vorzuziehen ist. Beide Methoden sind jedoch in der Praxis im Einsatz (FREDRIKSEN et al. 2009; PLONAIT 2004a; VON BORELL 2008).

Nach der Richtlinie 2001/93/EG vom 09. November 2001 soll auf das Herausreißen der Hoden verzichtet werden. Allerdings wurde diese Vorgabe in Deutschland nicht in nationales Recht umgesetzt. Es scheint aber eine besonders schmerzhafte Methode des Heraustrennens des Hodengewebes zu sein (WENGER et al. 2002).

2.4.4 Analgesie bei der Ferkelkastration

Die Gabe von schmerzstillenden Mitteln in Zusammenhang mit der Kastration wird in der Richtlinie 2001/93/EG für Tiere, die älter als sieben Tage sind, gefordert. Diese Einschränkung wird im Tierschutzgesetz (2009) vierter Abschnitt, § 6 wieder aufgegriffen.

Um den Forderungen nach einer zeitnahen Verbesserung der Situation gerecht zu werden, haben sich die großen Institutionen der Fleischproduktion in der

Düsseldorfer Erklärung (2008) zum flächendeckenden Einsatz schmerzstillender Mittel bei der Ferkelkastration verpflichtet.
Für die Indikation „Linderung postoperativer Schmerzen bei der Saugferkelkastration" ist derzeit beispielsweise Meloxicam *(Präparat Metacam® 5mg/ml Injektionslösung, Fa. Boehringer-Ingelheim*, Wien) zugelassen.

2.4.5 Kastration unter Allgemeinanästhesie

Gesetzlich vorgeschrieben ist eine Schmerzausschaltung bei der chirurgischen Kastration durch Allgemeinanästhesie bereits seit 2009 in der Schweiz. In den Niederlanden hat sich die Gesamtheit der Schweinefleischproduzenten zu der Durchführung einer CO_2-Gasbetäubung, die vom Landwirt vorgenommen werden kann, verpflichtet (VON BORELL 2008). In der Schweiz, in Österreich, Schweden, in Polen, Slowenien und in der Slowakei kommen auch teilweise Allgemeinanästhesien durch Injektion zum Einsatz (FREDRIKSEN et al. 2009). Allgemeinanästhesie wird von der Mehrzahl der Interessenverbände, die in PIGCAS berücksichtigt wurden, allerdings nur als kurzfristige Alternative betrachtet (VON BORELL 2008).
Die Forderungen, die an ein Narkotikum in Zusammenhang mit der Ferkelkastration gestellt werden, beinhalten neben der ausreichenden Analgesie auch die schnelle An- und Abflutung, routinemäßige Anwendbarkeit, Wirtschaftlichkeit und die Rückstandsfreiheit (ALMANJD u. BILKEI 2008).

2.4.5.1 Inhalationsnarkose

Halothan

WENGER et al. (2002) untersuchten die Wirtschaftlichkeit und Praxistauglichkeit einer 5%igen Halothannarkose bei bis zu 18 Tage alten Ferkeln. Es wurde jeweils eine Narkoseeinleitungszeit von maximal zwei Minuten gebraucht, um eine ausreichende Narkosetiefe zu erreichen. Ferkel sollten hierbei bis zu einem Alter von maximal 14 Tagen kastriert werden, da sich sonst die Einleitungszeit signifikant gegenüber derjenigen bei jüngeren Tieren verlängere. Im Rahmen dieses Versuchs wurde das Abwehrverhalten (Vokalisation und Bewegungen) bewertet. Dieses zeigte sich deutlich reduziert unter der Halothannarkose. Die Nachteile dieser Narkoseform sind in der Wirtschaftlichkeit, in der Belastung des Personals durch abgeatmetes und entweichendes Halothan sowie in einer Umweltbelastung zu sehen. Allerdings sei auch auf die negativ inotrope Wirkung von Halothan und die stärkere Kreislaufbelastung im Vergleich zu Isofluran hingewiesen (WENGER et al. 2002). Speziell beim Schwein stellt die Halothannarkose zudem ein erhöhtes Risiko für die Auslösung des Malignen-Hyperthermie-Syndroms dar. Bei dieser genetisch determinierten Erkrankung kommt es zu einer abnorm beschleunigten Glykolyse und metabolischen Azidose, die durch eine genetische Veränderung des so genannten Ryanodin-Rezeptors der weißen Muskelfasern verursacht wird. Halothan hat hier neben anderen Auslösern eine Trigger-Funktion (BICKHARDT 2004).

Isofluran

METTE führte 2008 Untersuchungen an Schweinen zur Evaluation der Isoflurannarkose mit O_2 bzw. Raumluft durch. Den Ergebnissen zufolge kann die Mononarkose mit Isofluran für Schweine bis 10 kg KGW empfohlen werden. Schwerere Tiere zeigten heftige Abwehrbewegungen in der Narkoseeinleitung. Neben einer sehr schnellen An- und Abflutung des Gases sei auch eine optimale Steuerbarkeit der Narkosetiefe gegeben. Das Verbleiben von Arzneimittelrückständen im Tierkörper sei sehr gering. Die Narkose sollte mit O_2 als Trägergas durchgeführt werden, da Raumluft zu einer Unterversorgung mit Sauerstoff führe. Trotz einer beschriebenen Reduktion des arteriellen Blutdrucks konnte in Mettes Versuchen keine Erniedrigung des systolischen und diastolischen Drucks festgestellt werden. In Mettes Versuchen traten bei den Schweinen Zitterbewegungen in der Anfangsphase der Narkose auf, die als Exzitationsphase gedeutet wurden. Eine Prämedikation mit Ketamin-Azaperon verhindere dieses. Die Applikation von Analgetika könne den Bedarf an Isofluran reduzieren. Des Öfteren seien Atemdepressionen bis hin zur Apnoe aufgetreten (METTE 2008).

In den Untersuchungen von SCHULZ (2007) konnte eine Reduktion postoperativer Kortisolgehalte im Blut durch Einsatz einer Isoflurannarkose für die Saugferkelkastration nicht nachgewiesen werden. Allerdings führe die präoperative Applikation von Meloxicam zu einer Kortisol- und somit Schmerzreduktion (SCHULZ 2007). Eine Reduktion der Katecholamine Adrenalin und Noradrealin durch eine Isofluranbetäubung deutete SCHULZ als verminderte Stressbelastung. Auch die Kastration führe, unter Narkose durchgeführt, nicht zu einer Stresssituation.
Derzeit werden in der Schweiz automatisierte Narkosegeräte, wie das Gerät *PIGNAP Pro* der Fa. *Agrocomp*, Andwil, verwendet, die eine standardisierte Inhalationsnarkose per Knopfdruck ermöglichen.
Bei jeder Form der Inhalationsnarkose liegt ein großes Problem in der Wirtschaftlichkeit für die Praxis. Apparativer Aufwand, teure Narkosegase und die gesetzlich vorgeschriebene Anwendung durch den Tierarzt können die Umsetzbarkeit eines routinemäßigen Einsatzes von Isofluran zur Betäubung von Saugferkeln einschränken. Zudem stellt es ein seuchenhygienisches Risiko dar, wenn mehrere Landwirte sich ein Gerät teilen oder der Tierarzt einen Apparat auf mehreren Betrieben einsetzt.
Aufgrund des Therapienotstandes müsste Isofluran für die Durchführung der Narkose beim Schwein umgewidmet werden (HEINRITZI et al. 2008).

2.4.5.2 Injektionsnarkose

ALMANJD und BILKEI (2008) führten Versuche zur Neuroleptanalgesie bei Saugferkeln mittels intramuskulärer Injektion von Ketamin und Azaperon durch. Diese ergaben eine optimale Dosierung von 2 mg Azaperon/kg Körpergewicht kombiniert mit 8 mg/kg Ketamin. Eine Erhöhung der Ketamindosis verlängerte nur den Nachschlaf, ohne die Abwehrbewegungen weiter zu reduzieren. Almanjd stuft diese Betäubungsform als geeignet für die Saugferkelkastration ein.
WALDMANN et al. (1994) untersuchten verschiedene Injektionsnarkotika auf ihre Wirksamkeit, ihre Nebenwirkungen und ihre Praktikabilität. Es wurden *Trapanal*® (Thiopental-Na), *Tilest*® (Tiletamin/ Zolazepam) und *Disoprivan*® (Propofol) getestet.

Den Untersuchungen zufolge zeigten Tiletamin/Zolazepam intramuskulär und Propofol intraabdominal appliziert unzureichende Schmerzausschaltung und Relaxation. Thiopental dagegen verursachte intraabdominal injiziert in hoher Dosierung eine ausreichende Analgesie und Relaxation, hatte aber eine Atemdepression und sehr langen Nachschlaf mit unkoordinierten Bewegungen zur Folge, welche zu erhöhten Verlusten durch Erdrücken führten. Sie schlussfolgerten, dass eine Injektionsnarkose nicht die Forderungen an eine gute Narkose für die Kastration von Saugferkeln erfüllt (WALDMANN et al. 1994). Dafür spricht auch, dass bei einer Injektionsnarkose aufgrund ihrer Applikationsart (intramuskulär oder intraperitoneal) grundsätzlich mit einer längeren Nachschlafzeit als bei einer Inhalationsnarkose zu rechnen ist. Eine intravenöse Applikation mit kürzerer An- und Abflutungsphase ist nur beim Einzeltier, nicht jedoch bei routinemäßigen Verfahren wie der Ferkelkastration durchführbar.

Eine Kurznarkose mit 10 mg/kg Ketamin und 2 mg/kg Azepromazin führt offenbar zu einer Reduktion von Stress und Schmerzen. BAUMANN (2002) verglich die Gewichtszunahmen von derart betäubten und kastrierten Ferkeln mit denen unbetäubt kastrierter Tiere. Die Zunahmen der betäubten Ferkel lag in den ersten sieben Tagen post operationem signifikant über denen der unbetäubten, was auf ein besseres Allgemeinbefinden und eine bessere Milchaufnahme schließen lässt. Im weiteren Verlauf glichen sich die Gewichte der Ferkel allerdings wieder an.

Veränderungen der Zunahmen konnten LAHRMANN et al. (2006) nicht beobachten. Für ihre Versuche injizierten sie Ferkeln Azaperon und Ketamin in Dosierungen von 2 bzw. 25 mg/kg Körpergewicht. Damit wurde eine chirurgische Toleranz erreicht. Einen Einfluss des Nachschlafs auf die Gesundheit der Ferkel konnten sie nicht nachweisen. Die serienmäßige Applikation war möglich und ließ den routinemäßigen Einsatz zu. Allerdings beliefen sich die Mehrkosten auf einen Euro Medikamentenaufwand pro Ferkel und einen weiteren Euro, wenn der Tierarzt die Narkose durchführte (LAHRMANN et al. 2006).

Neben der Neuroleptanalgesie durch Ketamin und Azaperon wird in einigen Ländern die Betäubung auch mittels Pentobarbital, meist durch einen Veterinär, durchgeführt.

In Ungarn und Polen wird die Injektionsnarkose auch durch den Landwirt selbst angewandt (FREDRIKSEN et al. 2009).

2.4.6 Lokalanästhesie

In Litauen, Ungarn, Polen und der Slowakei ist die subkutane oder intratestikuläre Lokalanästhesie mit 2%igem Lidocain weit verbreitet (FREDRIKSEN et al. 2009; VON BORELL 2008).
GUTZWILLER (2003) sieht in der Injektion von Lokalanästhetikum in die Testikel eine zwar nicht ausreichende, dafür aber einfach durchzuführende und somit vorläufig einzusetzende Maßnahme, zur Schmerzreduktion der Tiere beizutragen. In seinen Versuchen wurde den Ferkeln in jeweils nur einen Hoden 0,5 ml 2%iges Lidocain injiziert, um die Lautäußerungen bei der Kastration beidseitig vergleichend zu untersuchen. Offen bleibt die Frage, in welcher Reihenfolge die Eingriffe vorgenommen wurden, da den eigenen Beobachtungen zufolge eine Sensibilisierung nach der ersten Gewebsschädigung einsetzt. Nach GUTZWILLERs Ergebnissen kam es zu einer deutlichen Reduktion der Schmerzäußerungen, nicht jedoch zur vollständigen Unterbindung. Die intratestikuläre Applikationen des Lokalanästhetikums verursachte in seinen Versuchen keine Nebenwirkungen und kaum Abwehrreaktionen.
Dagegen zeigten Ferkel in Untersuchungen von WALDMANN et al. (1994) deutliche Abwehrreaktionen bei der Injektion von 1 ml Hostacain intratestikulär bzw. 3-5 ml s.c. Diese örtliche Betäubung hatte zwar eine gute Analgesie und ein ungestörtes Allgemeinbefinden zur Folge, allerdings schien die Applikation als solche sehr schmerzhaft zu sein.
RITTERSHAUS et al. (2009) untersuchten die Schmerzreduktion lokal zu applizierender Anästhetika mittels Plasmakortisolmessungen und Vokalisationsanalyse. Dafür setzten sie eine humanmedizinische Creme, Chlorethylspray und eine Kombination aus Chlorethylspray (für die Haut) und Lidocainspray (für den Samenstrang) ein. Keine der untersuchten Methoden hatte eine ausreichende Analgesie zur Folge. Allerdings konnte die Applikation von Chlorethylspray an sich als schmerzhaft angesehen werden.

2.5 CO_2-Betäubung

2.5.1 Eigenschaften von CO_2

CO_2 ist ein farbloses Gas, das natürlich in der atmosphärischen Luft in Konzentrationen von 0,038% vorkommt. Es hat einen leicht säuerlichen bis stechenden Geruch und Geschmack und ist nicht brennbar. Mit einer Dichte von 1,98 kg/m^3 unter Standardbedingungen sinkt es in Raumluft nach unten. Unterhalb der Maximalen Immissions-Konzentration (MIK) von 0,3% bestehen keine Gesundheitsbedenken bei dauerhafter Einwirkung. Die Maximale Arbeitsplatz-Konzentration (MAK) für eine tägliche Exposition von acht Stunden pro Tag liegt bei 0,5% (STEENBLOCK 2002).

2.5.2 Pharmakodynamik

Physiologisch liegt bei unseren Haussäugetieren ein arterieller CO_2-Partialdruck von ca. 27-42 mmHg im Blut vor, wobei das CO_2 hierbei als Bikarbonat in den Erythrozyten vorliegt (EBERT 1989). Kommt es zu einer Erhöhung des CO_2-Partialdrucks im Blut, wird dies von den Chemorezeptoren im Karotissinus (Glomus caroticum) und im Aortenbogen (Glomus aorticum) registriert. Daraufhin senden sie vermehrt Impulse über den Nervus vagus und den Nervus glossopharyngeus, die von vasomotorischen Zentren von Pons, Medulla oblongata und Rückenmark registriert werden. Dies führt zu einer Steigerung des Sympathikustonus, die eine Erhöhung von Herzkraft und -frequenz zu Folge hat. Die Freisetzung von Depotblut sowie eine kollaterale Vasokonstriktion führen zu einer Erhöhung des arteriellen Blutdrucks.

Auch die Chemorezeptoren im Atemzentrum der Formatio reticularis (Medulla oblongata) registrieren eine Erhöhung des CO_2-Partialdrucks und einen pH-Abfall.

Die Folge ist eine Vertiefung der Atmung und eine Erhöhung der Atemfrequenz (LAUER et al. 1994).
Die frühere Annahme, Bewusstlosigkeit aufgrund einer CO_2-Insufflation beruhe auf einem Ersticken infolge der Verdrängung von Sauerstoff, wie sie von HOENDERKEN et al. (1979) vertreten wurde, lässt sich heute nicht mehr aufrecht erhalten. CO_2 kann durch alle biologischen Membranen diffundieren und dabei die Permeabilität von Nervenzellmembranen beeinflussen (LAUER 1994). Im ZNS kommt es bei erhöhtem CO_2-Partialdruck zu einem Absenken des pH-Wertes in der Zerebrospinalflüssigkeit. Markhaltige Nervenfasern zeigen unter H^+-Ionen-Einfluss eine Abnahme der Erregungsleitungsgeschwindigkeit und durch CO_2-Einwirkung eine erhöhte Reizschwelle (ERHARDT et al. 1989; HERTRAMPF u. MICKWITZ 1979; LAUER et al. 1994; STEENBLOCK 2002)
Routinemäßig wird die Betäubung mit CO_2 in Deutschland z. Zt. auf den Schlachthöfen insbesondere zur Betäubung von Schweinen und Geflügel eingesetzt (HERTRAMPF u. MICKWITZ 1979). Vorteile dieses Gases gegenüber der Elektrobetäubung sei die Verminderung von Blutungen und Knochenbrüchen, da eine Muskelrelaxation schneller eintrete. Die Untersuchungen von HARTUNG et al. (2002) zeigten mittels EEG-Messungen und Reflexprüfungen, dass die derzeit vorgeschriebenen Mindestanforderungen (80% CO_2 bei 70 Sekunden Verweilzeit) nicht immer ausreichten, um die erforderliche Narkosetiefe beim Blutentzug zu gewährleisten. Seit 2006 ist ein Verbleiben in der CO_2-Atmosphäre für 100 Sekunden vorgeschrieben (TierSchlV). Eine starke Belastung der Tiere durch die CO_2-Betäubung zeigten die Ergebnisse ihrer Katecholamin- und Laktatmessungen. Diese waren im Stichblut um das ca. 1000fache erhöht gegenüber ihren Ausgangswerten.
Während der momentanen Diskussion um den Einsatz von CO_2 zur Betäubung bei der Ferkelkastration treten zunehmend Zweifel an der Tiergerechtheit dieser Betäubungsform auf. Die „Association of Veterinary Anaesthetists“ (AVA) sieht darin eine nicht geeignete Methode, da das Einatmen von CO_2 als schmerzhaft und mit Atemwegsirritationen verbunden beschrieben wird. Stress, Muskeltremor, Azidose und Asphyxie führten zu weiterem Unwohlsein. Letztendlich erhöhe die CO_2-Insufflation zwar die Schmerzschwelle; eine Schmerzausschaltung könne aber nicht

als gesichert angesehen werden (ASSOCIATION OF VETERINARY ANAESTHETISTS 2009). HEINRITZI und MÜHLBAUER zeigten anhand von Kortisolmessungen, dass diese durch die CO_2-Betäubung eine Stunde nach der Kastration reduziert wurden und schlossen dadurch auf einen positiven Effekt auf die postoperative Schmerzlinderung. Eine unmittelbare Schmerzreduktion konnte nicht nachweisen werden. Die enorme stressinduzierte Mehrbelastung der Ferkel zeigt sich deutlich in ihren Katecholaminmessungen (HEINRITZI u. MÜHLBAUER 2009a). GERRITZEN et al. (2008) beobachten während einer CO_2-Betäubung mit einem Gasgemisch aus 70% CO_2 und 30% O_2 eine vollständige Empfindungslosigkeit von Saugferkeln während der Kastration. Allerdings sehen sie ein Risiko bei zu langer Insufflation. In ihren Untersuchungen starben zwei von fünf Ferkeln, die nach Verlust der Standfähigkeit weitere drei Minuten dem Gasgemisch ausgesetzt waren. Eines von vier Ferkeln starb nach einer Insufflation von zwei Minuten. Dennoch betrachten sie die CO_2-Betäubung als Möglichkeit einer zukünftig flächendeckend einsetzbaren Alternative zur betäubungslosen Ferkelkastration. Den Vorteil dieser Betäubungsform sehen sie insbesondere darin, dass der Einsatz von CO_2 nicht wie der anderer Narkosegase der Durchführung durch den Tierarzt obliegt (GERRITZEN et al. 2008).

2.6 Nichtstereoidale Antiphlogistika

2.6.1 NSAIDs

Im Gegensatz zu den starken Analgetika werden die nichtsteroidalen Antiphlogistika (NSAIDs) zu den schwachen Analgetika gezählt (LÖSCHER 1997). In der am 22. Dezember 2009 erlassenen und am 20. Januar 2010 veröffentlichten Verordnung (EU) 37/2010 werden die Stoffe und Rückstandshöchstmengen, die bislang im Anhang I-III der VO 2377/90 EWG zu finden waren, zusammengefasst. Der Anhang I der VO (EU) 37/2010 enthält dementsprechend alle erlaubten Stoffe, ohne eine weitere Unterteilung vorzunehmen. Der Anhang II enthält alle nicht erlaubten Stoffe (bisher Anhang IV der VO 2377/90 EWG).

Für Flunixin, Tolfenaminsäure, Meloxicam, Metamizol und Diclofenac werden im Anhang I der VO 37/2010 Rückstandshöchstmengen für Schweine angegeben. Für Acetylsalicylsäure, Paracetamol und Ketoprofen werden Höchstmengen als nicht erforderlich angegeben. Paracetamol darf nur oral eingesetzt werden. Allerdings waren zum Zeitpunkt der eigenen Untersuchungen von den hier genannten Stoffen nur Produkte mit den Wirkstoffen Flunixin, Ketoprofen, Meloxicam und Metamizol als Injektionslösung auf dem Markt, von denen keines für die Indikation „Linderung postoperativer Schmerzen bei der Saugferkelkastration" zugelassen war. Aus diesem Grund kam hier das Arzneimittel *Finadyne® RPS (Intervet,* Unterschleißheim) zur Anwendung.

2.6.2 Flunixin

Flunixin ist als Präparat *Finadyne® RPS (Intervet)* auf dem Markt. Es wird in der Konzentration 50mg/ml angeboten.

Finadyne® RPS ist sowohl für die Therapie von Atemwegsproblemen als auch zur Behandlung von MMA (Mastitis-Metritis-Agalactia Syndrome) zugelassen. Es reichert sich in entzündeten Geweben an. Dort wirkt es entzündungshemmend, antitoxämisch und schmerzlindernd. Zudem hat es eine fiebersenkende Wirkung. Die Wartezeit auf Schweinefleisch beträgt 18 Tage.

2.7 Schmerz

Bereits 1979 gab die INTERNATIONAL ASSOCIATION FOR THE STUDY OF PAIN eine bis heute anerkannte Definition für den Begriff Schmerz: **"Schmerz ist ein unangenehmes Sinnes- und Gefühlserlebnis, das mit aktueller oder potentieller Gewebsschädigung verknüpft ist oder mit Begriffen einer solchen Schädigung beschrieben wird".**

2.7.1 Schmerz bei Tieren

Selbst bei der ausschließlichen Betrachtung der sensorischen Komponente des Schmerzes bei Tieren, kann diese niemals vollständig durch den Betrachter nachvollzogen werden (SAGER 1993; ZIMMERMANN 1986). Es können nur eventuelle Folgereaktionen des Tieres beurteilt werden. Laut SAGER sind die Nozizeptorschwelle (minimale Energie, bei der es zu einer Nozizeption kommt) und die Schmerzerkennungsschwelle (Intensität des Reizes, bei der der Impuls als Schmerz wahrgenommen wird) zwischen Menschen und Tieren etwa gleich hoch. Hingegen ist die Toleranzschwelle (Zeitpunkt, zu dem das Individuum versucht, die Reizaufnahme zu beenden) zwischen Individuen unterschiedlich und selbst bei demselben Individuum variabel, abhängig z.B. von der emotionalen Stimmung.

2.7.2 Schmerz bei Neugeborenen

Die bis noch vor kurzem verbreitete Meinung, Neugeborene hätten ein unvollständig entwickeltes Nervensystem und somit ein geringeres Schmerzempfinden als erwachsene Individuen, wird heute zunehmend angezweifelt. Vielmehr wird davon ausgegangen, dass das nozizeptive System keine bewusste Wahrnehmung voraussetzt, wie bislang angenommen. Beim Menschen zeigen sich bereits in der Schwangerschaft differenzierte Muster im EEG der Feten mit abgrenzbaren Schlaf- und Wachphasen, die durch äußere Reize beendet werden können. Dies ist ein Zeichen der Durchschaltung nozizeptiver Reize bis zum Kortex. Konditionierungsversuche beweisen ein vorhandenes Erinnerungsvermögen des Fetus und sprechen für eine einfache Art des Bewusstseins. Auch das umfangreiche Verhaltensrepertoire von Feten kann als Zeichen der bereits komplexen Ausbildung des Nervensystems im Uterus gewertet werden. Die Geburt unterbricht somit die Kontinuität der Organogenese des Nervensystems nicht. Versuche an Ratten zeigten, dass mechanische und thermische Reize von neugeborenen Tieren stärker

mit Wegziehreflexen beantwortet werden als bei erwachsenen. Eine mögliche Erklärung hierfür sind die sich erst später entwickelnden Hemmungsmechanismen, die auf der Bildung und Ausschüttung körpereigener Opioide, wie Endorphine und Enkephalin, beruhen. Diese haben eine antinozizeptive Wirkung. Das als Neurotransmitter bei der Schmerzwahrnehmung wirksame Neuropeptid Substanz P kann hingegen bereits zu einem früheren Zeitpunkt im Rückenmark nachgewiesen werden (ZIMMERMANN 1991).
Folglich kann die bisher vertretene Hypothese, Neugeborene verfügten über geringere Schmerzwahrnehmung, nicht gehalten werden. Damit kann auch die momentane Begründung des Tierschutzgesetzes für die bislang ohne Anästhesie/Analgesie erlaubte Kastration von Ferkeln im Alter von bis zu einer Woche als nicht mehr dem heutigen Stand der Wissenschaft entsprechend betrachtet werden.

2.7.3 Physiologie der Schmerzverarbeitung

Schmerzrezeptoren, auch Nozizeptoren bezeichnet, sind afferente Nervenfasern, deren Zellkörper im Dorsalhorn des Rückenmarks liegen (ZIMMERMANN 1991). Kommt es zu einer Reizung der terminalen Dendriten durch verschiedenste Noxen, kann es zu einer Depolarisation und zu einer Weiterleitung von Aktionspotentialen kommen. Ursachen können z.B. ausgeschüttete Prostaglandine als Folge einer Gewebsschädigung sein. Im Dorsalhorn erfolgt nun eine Umschaltung einerseits auf motorische und vegetative Nervenfasern, die schnell erfolgende Schutzreflexe zur Folge haben. Andererseits werden die elektrischen Signale hier über den Vorderseitenstrang zum Gehirn weitergeleitet. Im Thalamus sowie im Kortex wird der Schmerz sensorisch bewertet in Bezug auf Ausmaß, Dauer, Lokalisation etc. (sensorische Komponente). Eine emotionale Bewertung des Schmerzes findet im Limbischen System statt. Diese stellt die afferente Komponente dar, da eine direkte Umschaltung auf motorische und vegetative Nervenbahnen des Ventral- oder Seitenhorns stattfindet. Die vegetative Komponente führt über parasympathische Reflexe zu Blutdruckveränderungen, Erhöhung der Herzschlagfrequenz und des

Herzminutenvolumens, Schweißproduktion etc. Die motorische Komponente bewirkt Flucht- und Schutzreflexe (KARAN u. ECKERTZ 2002).
Schmerz lässt sich differenzieren in den viszeralen Eingeweideschmerz und den somatischen Oberflächen- und Tiefenschmerz. Beim Oberflächenschmerz ist eine weitere Aufteilung möglich in einen ersten hellen, stechenden, schnell abklingenden Schmerz, der sich gut lokalisieren lässt, sowie einen zweiten dumpfen bis brennenden Schmerz, der langsam abklingt und schlecht zu lokalisieren ist.
Weiterhin wird eine Einteilung aufgrund der Dauer des Schmerzes beschrieben. Der akute Schmerz hat eine Warn- oder Schutzfunktion, der der Schmerzvermeidung oder der Heilung dient und endet, wenn die Integrität des Körpers wieder hergestellt ist. Der chronische Schmerz dauert mehr als sechs Monate oder tritt periodisch auf und ist Ausdruck einer pathophysiologischen Veränderung, d.h. eines Dauerschadens (KARAN u. ECKERTZ 2002). Beim Tier wird ein solcher Schmerz gewöhnlich durch verminderte Aktivität oder depressives Verhalten erkennbar (SAGER 1993).

2.7.4 Parameter der Schmerzerkennung

Laut SAGER (1993) werden die wichtigsten Erkenntnisse über die Schmerzerkennung beim Tier durch Beobachtung gewonnen. Dazu zählen Veränderungen des Verhaltens und der Körperhaltung, Lautäußerungen und verminderte Futter- oder Wasseraufnahme. Außerdem geben Lautäußerungen und Abwehrreaktionen bei der Palpation Aufschluss auf ein Schmerzempfinden. Des Weiteren lassen sich Änderungen physiologischer Parameter, wie Körpertemperatur, Atemfrequenz und –tiefe, Blutdruck und Herzfrequenz, als Folge von Schmerzempfinden interpretieren.

2.8 *Elektroenzephalogramm (EEG)*

2.8.1 Grundlagen der Elektroenzephalographie

In den sechs verschiedenen Schichten der Großhirnrinde sind die Neurone, durch Gliazellen voneinander isoliert, durch zahlreiche Synapsen miteinander verknüpft. Die schwankenden elektrischen Potentiale entstehen durch die Aktionspotentiale der Axone, die Depolarisationen und Hyperpolarisationen der Zellkörper und Dendriten, die synaptischen Übertragungspotentiale, die postsynaptischen erregenden und inhibitorischen Potentiale (EPSP und IPSP). EPSP und IPSP sind dabei maßgeblich an der Entstehung von elektrischen Schwankungen an der Hirnoberfläche und somit für die Entstehung des EEGs verantwortlich. Diese messbaren Potentialschwankungen stellen die Summe der Aktivitäten einer größeren Gruppe von Neuronen dar. Werden zwei Elektroden an der Kopfoberfläche angebracht und die registrierten Potentialschwankungen verstärkt, so geben diese das Enzephalogramm wieder (EBE u. HOMMA 1998; FRANK 2001).
Die Darstellung des EEGs hängt entscheidend von den Elektroden, ihrem Material und ihrer Lokalisation ab. Ein gut geeignetes Metall ist Silber. Ag/AgCl-Elektroden sind die Elektroden der Wahl.
Nach der Lokalisation der Elektroden lassen sich intrazerebrale, kortikale und Oberflächenableitung unterscheiden. Bei der intrazerebralen Ableitung werden die Ableitelektroden direkt in bestimmten Kerngebieten platziert. Kortikale Elektroden werden operativ in den Schädel eingefügt. Es handelt sich dabei zumeist um Schrauben. Diese Methode hat den Vorteil, dass Artefakte durch Muskeltätigkeit und erhöhte Widerstände umgangen werden. Bei der Oberflächenableitung werden entweder nichtinvasive Elektroden mittels bestimmter Klebstoffe auf der Haut befestigt oder Nadelelektroden invasiv in die Haut eingestochen. Beide Methoden zeigten in den Untersuchungen von POSPIESZNY (1996) keine signifikanten Unterschiede. Die äußere Form der Elektroden kann stark variieren. Am häufigsten sind als Klebeelektroden Pilzelektroden im Einsatz (LEWIN 1998).

Entscheidend für die Ableitung des EEG ist besonders bei der Oberflächenableitung ein geringer Übergangswiderstand von der Elektrode zur Haut. Diesen Widerstand bezeichnet man als Elektrodenimpedanzen. Ihre Werte sind nach Möglichkeit gering zu halten (LEWIN 1998).

2.8.2 Elektrodenanordnung und Ableitungsmethoden

Bezugs- oder Referenzableitung wird die Methode genannt, bei der jeweils zwei differente oder aktive Elektroden über bestimmten Hirnregionen angebracht werden und die Potentialdifferenzen in Bezug zu einer möglichst weit entfernten indifferenten Elektrode gesetzt werden. Bei einer bipolaren Ableitung werden die Differenzen zwischen zwei aktiven, d.h. über zwei bestimmten Hirnregionen liegenden Elektroden gemessen.

Ist bei der Referenzmethode das gemessene Potential der differenten Elektrode negativ gegenüber der indifferenten, so wird der Schreiberausschlag laut Konvention nach oben ausgelenkt (EBE u. HOMMA 1998).

2.8.3 Frequenzbänder

Das EEG tritt wellenförmig auf, so dass die Länge der Wellen gemessen werden kann. Diese kann in die Frequenz umgerechnet werden, deren Einheit Hertz (Hz) = 1/sec ist. Die Frequenz gibt folglich die Anzahl gleichförmiger Wellen pro Sekunde an. EEGs werden anhand ihrer Frequenz in verschiedene Frequenzbereiche oder Banden eingeteilt:

- δ-Band: 0,5-3,5 Hz
- θ-Band: 4-7 Hz
- α-Band: 8-13 Hz
- β-Band: 13-30 Hz (EBE 1998).

Beim Menschen treten im Wach- und Ruhezustand mit geschlossenen Augen überwiegend Wellen des α-Bandes mit eingestreuter β-Tätigkeit auf. Mit zunehmender Schlaftiefe nimmt der Anteil der langsamen Wellen (δ- und θ-Wellen), also Wellen mit einer Frequenz von weniger als 7 Hz, zu. Die raschen Wellen (β-Wellen) treten beim Menschen auf, sobald er die Augen öffnet, sich konzentriert, angespannt ist etc. Während der Einschlafphase kommen kurze Sequenzen von raschen Wellen vor, die so genannten Schlafspindeln. Auch ihr Auftreten ist ein Normalbefund (EBE u. HOMMA 1998).

Des Weiteren lässt sich der Ausschlag einer Welle, ihre Amplitude, bestimmen. Dazu werden die beiden Wellentäler einer Welle mit einer Geraden verbunden, und die Länge einer Senkrechten gemessen, die im höchsten Punkt der Welle beginnt und auf der Kreuzung der Verbindungslinie endet. Diese Strecke wird dann dem Maßstab entsprechend in eine Spannung umgerechnet, so dass die Amplitude in µV angegeben wird. Bei einer weiteren Messmethode wird einfach der Höhenunterschied vom Tal- bis zum Scheitelpunkt der Welle bestimmt.

Die Amplituden der Ruhewellen (α-Wellen) des Menschen betragen ca. 30-50 µV. Im Schlafzustand (δ- und θ-Wellen) erhöhen sich die Ausschläge auf bis zu 100 µV. Die β-Wellen des Wachzustandes haben üblicherweise niedrige Amplituden von bis zu 20 µV (EBE u. HOMMA 1998).

2.8.4 Frequenzanalyse

Beim Roh-EEG handelt es sich um graphische Darstellungen, die es zu interpretieren gilt. Um diese Daten zu vereinfachen und zu numerisieren und um die doch großen Datenmengen zu reduzieren, kommt die computergestützte Spektralanalyse zum Einsatz. Dabei wird zunächst das Originalsignal (Zeitfunktion), dessen Ordinate die Funktion der Zeit angibt, in eine Leistungs- oder Powerfunktion umgewandelt, deren Ordinate die Funktion der Frequenz darstellt.

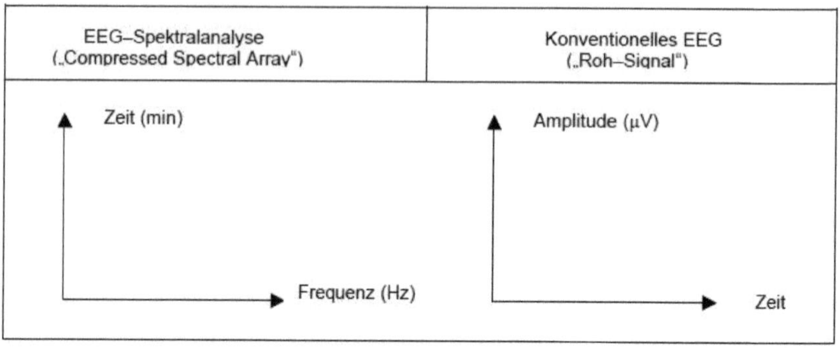

Abbildung 1: Schematische Darstellung der Leistungs- oder Powerfunktion (links) und der Zeitfunktion (rechts) nach FRANK (2001)

Dieses Signal kann noch verstärkt und gefiltert werden. Anschließend wird eine Fast-Fourier-Transformation durchgeführt, durch die das Leistungsspektrum bestimmt wird. Bei diesem mathematischen Verfahren wird das wellenförmige EEG-Signal in eine Summe von Sinus- und Kosinusfunktionen zerlegt. Aus der Verteilung der Leistung ($\mu V^2/Hz$) können die Spektralparameter errechnet oder graphisch als „Compressed Spectral Array" (CSA, komprimierte Spektraldarstellung) dargestellt werden. Beispielhaft seien einige Spektralparameter erläutert:

1. SEF80: Die Spektrale Eckfrequenz 80 bezeichnet das 80%-Quantil und gibt die Frequenz an, unterhalb der sich 80% der Leistung befinden.
2. MED: Median oder 50%-Quantil
3. Beta-Delta-Index: Er gibt das Verhältnis von der Leistung des β-Frequenzbandes zu derjenigen des δ-Bandes an (OTTO et al. 1994; MALLY 2002).

Sosehr die CSA und die Spektralparameter eine Vereinfachung des EEG-Signals darstellen, sosehr haben diese Verfahren auch ihre Schwächen. So ist die elektronische Auswertung beispielsweise nicht immer in der Lage zwischen EEG-Signalen und kleinsten Artefakten zu unterscheiden. Zu einer soliden Auswertung des EEGs gehört daher auch immer die visuelle Auswertung mit Bezugnahme zu dem Patienten (DEUTSCHE GESELLSCHAFT FÜR KLINISCHE

NEUROPHYSIOLOGIE UND FUNKTIONELLE BILDGEBUNG 2008; LEWIN 1998; OTTO et al. 1994).

2.8.5 Parameter, die das EEG beeinflussen

Die zerebrale Aktivität hängt sowohl von neuronalen, als auch von humoralen Einflüssen ab.

Zu den neuronalen Faktoren gehören die neuronalen Signale, die die Großhirnrinde vom Thalamus, vom Limbischen System, vom Hypothalamus und vom Hirnstamm erhält. Insbesondere die afferenten thalamokortikalen Projektionsbahnen leiten die für die rhythmische Grundtätigkeit des Kortex notwendigen synchronisierenden Impulse. Maßgeblich beteiligt an der Synchronisierung sind die unspezifischen, also nicht mit Sinnesorganen verbundenen Thalamuskerne. Der Thalamus steht wiederum mit anderen subkortikalen Arealen in Verbindung, so dass auch der Formatio Reticularis eine entscheidende Steuerungsfunktion zukommt. Die Grundtätigkeit des Kortex wird also durch subkortikale afferente Impulse moduliert (LEWIN 1998).

Die humoralen Faktoren werden durch Atmung, Kreislauf, Stoffwechsel und Blut beeinflusst. Zu ihnen zählen pH-Wert, O_2- und CO_2-Partialwert sowie Glucose- und Elektrolytgehalt des Blutes, bestimmte Hormone und Enzyme. Eine große Rolle spielt das Alter (siehe unten). Hyperkapnie und Hypothermie führen zu einer Depression zerebraler Aktivität mit Verlangsamung des EEGs. Auch Blutdruckabfall und Sauerstoffmangel haben diese Folgen. Die Depression kann zu Phasen isoelektrischer Aktivität (Burst suppressions) führen. Daneben beeinflussen auch Stoffwechselstörungen (Diabetes mellitus, Leber- und Nierenfunktionsstörungen) das EEG (OTTO et al. 1994; FRANK 2001).

2.8.6 Störungen und Artefakte

Alle Überlagerungen des EEGs durch „Spannungsschwankungen nichtzerebralen Ursprungs" werden als Artefakt bezeichnet (LEWIN 1998). Zum einen stören sie zwar die Auswertbarkeit des EEGs, auf der anderen Seite können sie aber auch relevante Zusatzbefunde darstellen. LEWIN teilt Artefakte nach ihrem Ursprung in biologische und technische Artefakte ein. Zu den biologischen Artefakten werden folgende Artefakte gezählt:

1. Augenartefakte: Sie setzen sich aus den Augenbewegungs- und den Lidschlagartefakten zusammen. Ihre Erkennung ist schwierig, da ihr Erscheinungsbild vielen EEG-eigenen Komponenten ähnelt.
2. EKG-Artefakte: Sie sind zumeist leicht erkennbar, da ihre regelmäßige QRS-Zacke deutlich hervortritt. Außerdem können pulsierende Arterien zu einer rhythmischen Bewegung von Elektroden führen.
3. Muskelartefakte: Potentiale der Muskulatur des Kopfes können das EEG kontinuierlich oder sporadisch überlagern. Ihre Amplitude ist meist hoch, ihre Frequenz üblicherweise über 30 Hz.
4. Bewegungsartefakte: Sie werden auch Wackelartefakte genannt. Auch regelmäßige Artefakte durch Zittern oder Atmung zählen hierzu. Ihre Ursache liegt in der Bewegung der Elektrode oder des Kabels, wobei die elektrische Leitung kurzzeitig beeinflusst oder unterbrochen wird.
5. Artefakte durch Zungen-, Kau- und Schlucktätigkeit: Sie bilden eine Mischung aus Bewegungs- und Muskelartefakten. Im EEG sind sie meist gut erkennbar.
6. Haut- und Schwitzartefakte: Sie können den Widerstand der Haut stark beeinflussen und zu hochgradigen Veränderungen im EEG führen.

Technische Artefakte entstehen durch Defekte in der Apparatur oder mangelhafte Abschirmung. Defekte können die Elektrode, die Kabel und das Gerät selbst betreffen. Häufige äußere Einflüsse sind 50 Hz-Wechselströme anderer elektrischer Geräte und elektrostatische Störungen. Wechselströme lassen sich durch entsprechende Filter eliminieren (LEWIN 1998).

2.8.7 Anästhesiebedingte EEG–Veränderungen

Allen volatilen und einigen Injektionsanästhetika gemeinsam ist eine ZNS-Depression mit Verlangsamung der Frequenz und Erhöhung der Amplitude des EEG-Signals (MALLY 2002).
Einzig bei Isofluran als gasförmigem Narkotikum werden bei klinisch relevanten Narkosestadien Burst-Suppressions und Isoelektrizität festgestellt. Dabei bleibt der zerebrale Metabolismus unbeeinflusst. Bei Propofol beispielsweise treten Burst-Suppressions erst in einer zu hohen Konzentration des Anästhetikums auf. Opioide erhöhen den Anteil der δ-Aktivitäten. Diazepam wirkt in allen Frequenzbereichen senkend auf die Gesamtleistung (FRANK 2001).

2.8.8 Einfluss der Nozizeption auf das EEG

Elektrische oder chirurgische Stimuli führen zu einer Abnahme der Amplitudenhöhe und gleichzeitiger Erhöhung der Frequenz (Desynchronisation). Der Anteil der δ-Frequenzen nimmt ab, der der β-Frequenzen nimmt zu. Ebenso kommt es zu einer Zunahme der Spektralparameter. Diese Reaktionen auf einen Reiz werden als Weckreaktionen oder Arousal-Reaktionen bezeichnet, da sie vom Erscheinungsbild her den EEG-Veränderungen beim Aufwachen ähneln. Bei einer flachen Narkose kann als Reizantwort auch eine Verlangsamung der Aktivität mit zunehmender Amplitude auftreten. Dieses Phänomen wird als „paradoxe Arousal-Reaktion" bezeichnet. Sie ist nur schwer von Veränderungen durch Zunahme der Narkosetiefe zu unterscheiden (FRANK 2001).

2.8.9 EEG bei Neonaten

Beim menschlichen Neonaten zeigt das EEG eine auffallende Dominanz der langsamen Wellen, insbesondere der δ-Wellen. Sie treten unregelmäßig auf und haben eine niedrige Amplitude (bis 40 µV). Eine Zunahme der Amplituden bis zu 100 µV sowie der Anteile der θ-Frequenzen ist im Säuglingsalter zu beobachten. Im

Gegensatz zum Erwachsenen, bei dem der Schlaf- und Wachzustand der Tagesrhythmik folgt, wird der Wechsel von Schlaf- und Wachzuständen nicht durch die Tageszeit bestimmt. Vielmehr wiederholt sich der Wechsel mehrmals täglich. In der Einschlaf- und in der Aufwachphase kommen beim Kind Gruppen hoher θ-Wellen vor. Mit zunehmendem Alter werden sie seltener (EBE u. HOMMA 1998).
Auch EEGs juveniler Tiere lassen sich nicht mit denen erwachsener vergleichen. Neugeborene zeigen in der Regel langsamere Wellen von bis zu 10 Hz (FRANK 2001).

2.8.10 EEG beim Schwein

WALDMANN et al. zeigten (1994) die Darstellung der Operationstiefe von Saugferkeln anhand von Messungen des Elektroenzaphalogramms. Sie führten die Messungen mittels zweier bipolarer Ableitungen durch, die von Nadelelektroden „0,5 cm lateral der Medianen im Bereich des kaudalen Randes des Jochbogens und in Höhe des rostralen Bereichs des Ohrmuschelansatzes subkutan" abgeleitet wurden. Die Referenzelektrode befand sich in Höhe des Os occipitale. Die Ferkel wurden mit Thiopental narkotisiert, in der sie überwiegend θ- und δ-Frequenzen zeigten. Die Kastration löste eine Weckreaktion in Form einer Zunahme des β-Frequenzbandes aus. Tiere, die eine höhere Thiopentaldosis erhielten, zeigten auch eine höhere δ- und θ-Aktivität. Weckreaktionen konnten durch eine extradurale Anästhesie unterbunden werden. Wache Tiere zeigten überwiegend β-Aktivität.
GERRITZEN et al. (2008) konnten eine Verlangsamung von EEG-Frequenzen nach 19 Sekunden der Gasbetäubung von Saugferkeln mit 70% CO_2 und 30% O_2 beobachten. Eine Veränderung im EEG als Folge der Kastration trat bei ihnen nicht ein.

2.9 *Elektrokardiographie*

2.9.1 Grundlagen der Elektrokardiographie

Die Elektrokardiographie (EKG) bezeichnet die kontinuierliche Aufzeichnung elektrischer Spannungsänderungen am Herzen mittels positiver und negativer Elektroden (MARTIN 2001). Diese können sowohl am Körperstamm direkt oder aber an den Extremitäten angebracht werden. Grundlage der schwankenden elektrischen Spannungen ist eine vom Sinusknoten aus fortlaufende Potentialänderung des herzeigenen Erregungsleitungssystems. Dieses verursacht eine gerichtet ablaufende Kontraktion des Herzmuskels. Dabei erfolgt die Erregungsleitung vom Schrittmacher im rechten Vorhof, dem Sinusknoten, aus. Über das Vorhofmyokard breitet sich die Depolarisation aus und erreicht den AV-Knoten im Myokard zwischen Vorhof und Kammer. Über das His-Bündel und die Tawaraschenkel im Kammerseptum wird das elektrische Signal weitergeleitet bis in die weit verzweigten Purkinje-Fasern, die sich im Myokard vernetzen. Eine Folge von Herzschlägen, die dieser Erregungsausbreitung folgen und somit auf den Sinusknoten zurückzuführen sind, werden auch als Sinuskomplex, ihr Rhythmus als Sinusrhythmus bezeichnet.

Bei den üblichen Ableitungen werden die positiven Ausschläge nach oben gerichtet dargestellt. Bei der graphischen Darstellung gibt der erste kleinere positive Ausschlag die Depolarisation des Vorhofmyokards wieder. Nach der kurzzeitigen Rückkehr zur Nulllinie durch die Erregungsverlangsamung im AV-Knoten erreicht die Erregungsleitung das Kammerseptum. Eine kleine rückläufige Erregungsleitung wird als negative Q-Zacke wiedergegeben. Die sehr viel größere Depolarisation der apikalen Teile des Kammermyokards entspricht der prägnanten R-Zacke im EKG. Anschließend kommt es zur Depolarisation der basalen Anteile des Kammermyokards, die sich als negative S-Zacke darstellt. Die Darstellung der Erregung der Herzkammern wird häufig zusammenfassend als QRS-Komplex bezeichnet, wobei insbesondere die Q-Zacke nicht immer sehr offensichtlich auftritt. Schließlich folgt die Repolarisation der verschiedenen Kammeranteile, die sich im

EKG sowohl als positiver als auch als negativer Ausschlag darstellen kann. Diese Spannungsänderung wird T-Welle genannt (MARTIN 2001).

2.9.2 Veränderungen im EKG

Beschleunigt sich die Herzfrequenz bei regelmäßigem Rhythmus und ohne Veränderung der P-QRS-T-Abfolge, spricht man von einer Sinustachykardie (YIN u. NOLTE 2007). Sie tritt im Zusammenhang mit Angst, Aufregung und Schmerz, wie auch bei der medikamentösen Gabe von Atropin und Katecholaminen auf. Ihr kann sowohl eine Sympathikusaktivierung wie auch eine Senkung des Parasympathikustonus zugrunde liegen (YIN u. NOLTE 2007).
Die Betäubung von Saugferkeln mit 70%CO_2 und 30% O_2 führte bei GERRITZEN et al. (2008) zu einem starken Abfall der Herzfrequenz, wie auch zu einem unregelmäßigen Rhythmus. Obwohl sich die Herzfrequenz Null näherte, stieg sie innerhalb von zwei Minuten nach Entnahme aus der CO_2-Atmosphäre wieder bis zum Ausgangswert an.

2.10 Pulsoxymetrie

Für die Messung der Sauerstoffsättigung des Hämoglobins sind Geräte im Einsatz, deren Arbeitsprinzip auf der verschiedenen Wellendurchlässigkeit von durchbluteten Geweben mit verschiedener Sauerstoffsättigung basiert. Von einer Lichtquelle werden rotes Licht der Wellenlänge 600-750 nm und infrarotes Licht der Wellenlänge 850-1000 nm emittiert. Gegenüber der Lichtquelle liegt ein Fotodetektor, der misst, welche Wellen das zwischen ihm und der Lichtquelle liegende Gewebe passiert haben. Oxygeniertes Hämoglobin absorbiert eher Wellen des infraroten Spektrums, während es Wellen des roten Spektrums durchlässt. Umgekehrt verhält es sich mit reduziertem Hämoglobin: Es absorbiert mehr Wellen des roten Spektrums, während es infrarote Wellen passieren lässt (OXYPLUS Handbuch). Diese Unterschiede in der Absorption werden vom Sensor registriert und die Sauerstoffsättigung des Blutes wird berechnet. Als Referenzwert im wachen Zustand wird eine Blutsauerstoffsättigung von 98% angegeben. Gleichzeitig kann mit diesen Geräten die Pulsfrequenz bestimmt werden.

2.11 Wundheilung

Schon 1843 definierte BAUMGARTEN die Wunde (lat. „Vulnus", griech. „Trauma") als Zusammenhangstrennung „organischer Theile mit gleichzeitiger Trennung der Oberhaut". Die Wundheilung ist ein biologischer Prozess, dessen Ziel die Wiederherstellung des intakten Gewebes und der Gewebsfunktion ist.
SCHNEIDER (1985) unterscheidet zwischen der Primär-, der Sekundärheilung und der Heilung unter Schorf. Die Primärheilung (Sanatio per primam intentionem) ist die optimale Form der Wundheilung, da sie mit fünf bis zehn Tagen die kürzeste Heilungsdauer beansprucht. Hierbei werden die aneinander liegenden Wundränder schnell durch Fibrin verklebt, welches anschließend von Kapillaren und Bindegewebszellen durchwachsen wird. An der Oberfläche schließt sich das Epithel nach einigen Tagen. Geringgradige Schwellungen der Wundumgebung sind bedeutungslos. Bei der Sekundärheilung (Sanatio per secundam intentionem) wird nekrotisches Gewebe abgestoßen und der Defekt subkutan mit Granulationsgewebe aufgefüllt. Vom Rand her setzt die Epithelisierung ein. Dieser Prozess kann längere Zeit dauern. Die dritte Art der Wundheilung, die Heilung unter Schorf, betrifft in erster Linie Hautabschürfungen und oberflächliche Wunden.
Die primäre Wundheilung kann durch eine Infektion gestört werden. Sie geht oft mit allgemeinen und lokalen klinischen Symptomen einher (SCHNEIDER 1985).
Störungen im Wundheilungsverlauf nach der Kastration zeigen sich gelegentlich in Form einer pyogenen Wundinfektion. Sie kann oberflächlich sein oder in der Tiefe zur Bildung von Abszessen führen. Auch eine chronische eitrige Entzündung des Samenstrangstumpfes und des Processus vaginalis, die als Funikulitis bezeichnet wird, kann entstehen. Der Samenstrangstumpf kann dann abszedieren, Granulome bilden oder ein Ödem entwickeln. Im Bereich der Kastrationsnarbe kann es zur Bildung einer Samenstrangfistel kommen (DIETZ 1985; PLONAIT 2004b).

WALDMANN et al. (1994) konnten unter Thiopental, Tiletamin und Zolazepam oder Propofol keine Beeinflussung der Wundheilung feststellen. LAUER (1994) kann diesen zwar auch nicht bei einer CO_2/O_2-Betäubung beobachten, zeigt aber, dass das Zurückziehen des Musculus cremaster in vollständiger Anästhesie aufgehoben ist (LAUER et al. 1994).

Vergleichbares konnte RITTERSHAUS (2009) beobachten, nachdem Ferkeln vor der Kastration subkutan und/oder intratestikulär Procain appliziert wurde.

3 Material und Methode

3.1 Anzeige des Versuchsvorhabens

Das Tierversuchsvorhaben wurde am 19.12.2008 unter dem Titel „Vergleichende Evaluierung der Schmerzausschaltung bei der Kastration männlicher Ferkel unter Isoflurannarkose und CO_2-Betäubung" im Niedersächsischen Landesamt für Verbraucherschutz und Lebensmittelsicherheit beantragt. Es wurde unter der Versuchsnummer 33.9-42502-04-08/1620 genehmigt.

3.2 Betrieb, Tiere

3.2.1 Betrieb und Management

Der Versuch wurde mit bis zu sieben Tage alten Ferkeln auf dem Lehr- und Forschungsgut Ruthe der Tierärztlichen Hochschule Hannover durchgeführt. Die Sauen, deren Ferkel für den Versuch genutzt wurden, entstammen dem Bundeshybridzuchtprogramm. Sie wurden zum Abferkeln in Abteile mit je acht Buchten (4,5 m^2) eingestallt, die mit einem Kastenstand ausgestattet sind. Die Buchten enthalten ein Ferkelnest mit Abdeckung und planbefestigtem Betonboden, das mittels Fußbodenheizung und einer Infrarotwärmelampe beheizt wird. Die Sauen wurden zweimal täglich mit Futter für laktierende Sauen (45% Winterweizen, 24,2% Wintergerste, 20% Sojaextraktionsschrot, 5% Weizenkleie, 2% Sojaöl, 3,5% Mineralfutter mit Lysin, Methionin und Biotin, 0,3% Propionsäure) gefüttert. Wasser stand ihnen jederzeit über Nippeltränken zur Verfügung. Die Ferkel hatten eine eigene Beckentränke neben dem Ferkelnest und erhielten ab der zweiten Lebenswoche Ferkelstarterfutter zur freien Aufnahme. Bei Sauen mit Milchmangel wurde den Ferkeln zusätzlich Milchaustauscher („*Sprayfo* Ferkelmilch" der Fa. *Sloten*, Diepholz, 47% Molkenpulver, 30% Magermilchpulver, 13% pflanzliches

Kokos- und Palmöl, 3% Weizenstärke, 3% Traubenzucker, 2% hydrolysiertes Weizenprotein) in Schalentränken ad libitum angeboten. Innerhalb der ersten drei Lebenstage wurde den Ferkeln der Schwanz gekürzt und Eisen injiziert. Bei Bedarf fand in diesem Zeitraum ein Wurfausgleich statt.

3.2.2 Auswahl der Probanden

In den Versuch genommen wurden lediglich Ferkel, die maximal sieben Tage alt waren und zwischen 1,5 und 2,5 kg wogen. Ferkel mit gestörtem Allgemeinbefinden wurden von den Versuchen ausgeschlossen. Zudem wurden die Tiere vor dem Versuch adspektorisch und palpatorisch auf das Vorliegen eines Kryptorchismus und/oder einer Skrotalhernie untersucht und bei Vorliegen einer derartigen anatomischen Abweichung vom Versuch ausgeschlossen.

3.3 Narkosesystem

Für die Untersuchungen wurde das Gerät *MS Pigsleeper* verwendet, das uns freundlicherweise von der Firma *Schippers*, Kerken, zur Verfügung gestellt wurde (Abb.2). An das Gerät wurde eine Gasflasche mit einem Gasgemisch aus 70% CO_2 und 30% O_2 angeschlossen. Das Betäubungsgerät besteht aus einem Behandlungswagen aus rostfreiem Stahl, auf dem die Ferkel in drei trichterförmigen Halterungen auf dem Rücken liegend mit einem Bügel fixiert und dann kastriert werden können. Jede Halterung mündet in eine Atemmaske aus Gummi. Diese beinhaltet einen Einlass für den Gasschlauch, durch den das Gasgemisch zugeführt wird, sowie ein Rückschlagventil, das sich bei Unterdruck in der Maske öffnet, z.B. bei der Inspiration, wenn kein Gas zugeführt wird (Abb.3). Das Bedienelement verfügt über ein einfaches Ampelsystem mit roter und grüner Lampe. Wird der Startknopf gedrückt, beginnt die Gaszufuhr für alle drei Atemmasken. Nach 47 Sekunden Gaseinleitung leuchtet die grüne Lampe auf, um die Kastration frei zu geben. 30 Sekunden später wird die Gaszufuhr automatisch gestoppt. Weitere 15

Sekunden später erlischt die grüne Lampe und die rote leuchtet auf. Spätestens zu diesem Zeitpunkt sollte die Kastration beendet sein.

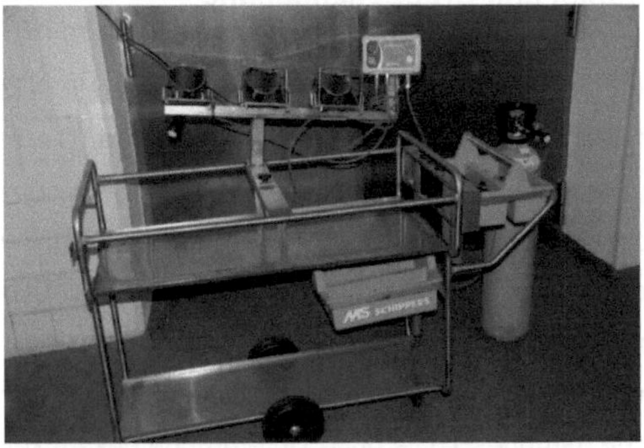

Abbildung 2: „Pigsleeper" der Fa. *Schippers* mit Gasflasche, Behandlungswagen, drei Ferkelhalterungen und Bedienelement

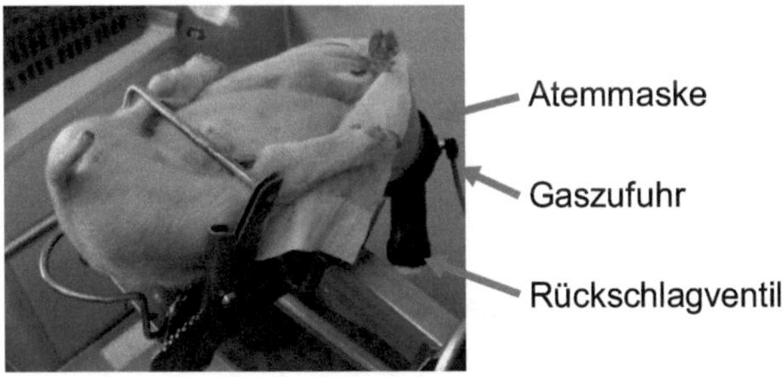

Abbildung 3: Ferkel in der Fixationsvorrichtung des *„Pigsleepers"*

3.4 *Durchführung der Untersuchungen*

3.4.1 Gruppen und Gruppeneinteilung

Die Tiere wurden in insgesamt 12 Gruppen eingeteilt (Tab.1). Die zwei Hauptgruppen unterschieden sich durch die Betäubungsart. Die erste Hauptgruppe erhielt eine CO_2-Betäubung (Gesamtgruppe = GG 1), die zweite wurde als Kontrollgruppe nicht betäubt (GG 4). Beide Hauptgruppen wurden weiter unterteilt in drei Untergruppen, die sich aufgrund der Schmerzmittelapplikation unterschieden. Der ersten Untergruppe wurde *Finadyne® RPS* 20 Minuten vor dem Eingriff appliziert (Gruppe 1), während die zweite Gruppe die Schmerzmittelinjektion 60 Minuten vor der Kastration erhielt (Gruppe 2). Die dritte Untergruppe bekam keine Schmerzmittel (Gruppe3). Da diese Unterteilung bei beiden Hauptgruppen stattfand, ergaben sich somit sechs Gruppen. Zu jeder dieser Gruppen gab es eine Scheingruppe (GG 2 und 3), in der die Tiere der gleichen Behandlung unterzogen, allerdings nicht kastriert wurden.

3.4.2 Versuchsvorbereitungen

3.4.2.1 Analgetika

Zur einfacheren Applikation wurde das Schmerzmittel *Finadyne® RPS* der Fa. *Intervet*, Unterschleißheim, im Verhältnis 1:10 mit Aqua ad injectionem verdünnt. Somit konnten genaue Dosen von 2,2 mg/kg Körpergewicht injiziert werden (laut Herstellerangaben). Dementsprechend erhielten die Ferkel eine Dosierung von 0,044 ml *Finadyne® RPS* je kg Körpergewicht oder mit Aqua ad injectionem verdünnt 0,44 ml/kg. Die Injektion geschah der Gruppeneinteilung gemäß vor dem Eingriff intramuskulär (Tab.1).

Tabelle 1: Gruppeneinteilung

GG	Gruppe	CO_2-Bet.	Flunixin-Applikation	Kastration
1 "Versuchs-gruppe"	**1**	X	20 min vor Eingriff	X
	2	X	60 min vor Eingriff	X
	3	X	kein Finadyne	X
2 "Scheingruppe CO2"	**4**	X	20 min vor Eingriff	
	5	X	60 min vor Eingriff	
	6	X	kein Finadyne	
3 "Scheingruppe ohne Betäubung"	**7**		20 min vor Eingriff	
	8		60 min vor Eingriff	
	9		kein Finadyne	
4 "Kontrollgruppe"	**10**		20 min vor Eingriff	X
	11		60 min vor Eingriff	X
	12		kein Finadyne	X

3.4.2.2 EEG

Zur Aufzeichnung der Hirnströme wurde eine Ein-Kanal-Ableitung mit dem papierlos arbeitenden EEG-Gerät *Narcotrend*®, MT MonitorTechnik GmbH & Co. KG, Bad Bramstadt, durchgeführt. Das Gerät stand uns in Form eines tragbaren Rechners, an den die Datenerfassungseinheit mit zugehörigen Leitungen angeschlossen war, zur Verfügung. Es speicherte neben dem Protokoll der automatisch durchgeführten Analyse der Spektralparameter auch die graphische Darstellung der gesamten Messung, die für die Auswertungen zum Einsatz kam. Vor der eigentlichen Messung führte das Gerät selbstständig eine Messung der Impedanzen und Elektrodenpotentiale durch. Ereignistasten, die zuvor programmiert wurden, halfen bei der Auswertung von bestimmten Zeitpunkten (Betäubungsbeginn, Hautschnitt 1 und 2, Emaskulation, Betäubungsende).

Vor der eigentlichen Versuchsdurchführung wurden die Ferkel für die EEG-Messung präpariert. Für die Referenzableitung wurden drei Elektroden aus chirurgischem Draht (Ag-Elektrode) subkutan fixiert, so dass sich jeweils eine Gewebsbrücke von ca. 1 cm bildete. Beide Drahtenden wurden miteinander verdreht und anschließend gekürzt. In die so entstandene Schlaufe wurde später die Krokodilklemme der EEG-Elektrode eingeklemmt. Die zwei differenten Elektrodendrähte wurden bilateral symmetrisch so angebracht, dass sie ca. 1 cm medial der halben Verbindungslinie vom Ohrgrund zum äußeren Augenwinkel zu liegen kamen. Die indifferente Elektrode wurde zwischen den beiden Ohransätzen im Nackenbereich platziert. Im Anschluss an diese Prozedur wurden die Ferkel zunächst wieder für mindestens zehn Minuten in eine Transportkiste zurückgesetzt, um sich zu beruhigen.

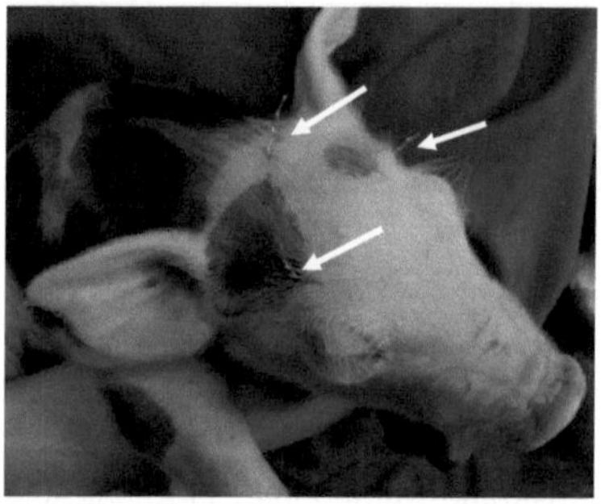

Abbildung 4: Ferkel mit subkutan fixierten Drahtelektroden (weiße Pfeile)

3.4.2.3 Pulsfrequenz und Sauerstoffsättigung

Die Messung von Puls und Sauerstoffsättigung des Blutes wurde mittels eines nicht-invasiven Pulsoxymeters durchgeführt. Es handelte sich um das Gerät *„Oxyplus Vet“* der *KTMED INC. medical systems*, Seoul, Korea. Nach Entnahme des Ferkels aus der Kiste und Beruhigung auf dem Arm wurden diese Parameter mittels eines Klemmsensors auf Höhe des Metakarpus gemessen. Das Pulsoxymeter gibt den Puls in Schlägen pro Minute und die Sauerstoffsättigung in Prozent an. Diese

Messung wurde in direktem Anschluss an die Entnahme aus dem Betäubungsgerät nach Kastration bzw. Fixation erneut durchgeführt.

3.4.2.4 EKG

Im Anschluss an die erste Puls- und Sauerstoffsättigungsmessung wurden die EKG-Klebeelektroden am Rumpf des Ferkels angebracht. Dabei wurde die erste Elektrode auf der rechten Seite in Herzhöhe platziert. Eine weitere Elektrode wurde auf der linken Seite, der Position der ersten Elektrode entsprechend, fixiert. Die dritte Elektrode wurde dem Ferkel auf etwa gleicher Höhe wie die vorherige, jedoch ca. fünf cm weiter kaudal am Bauch angebracht. Für die EKG-Messung wurde ein tragbares Dauer-EKG-Messgerät der Firma *Del Mar Reynolds Medical,* Washington, USA, verwendet. Die Datenaufzeichnungen werden mit Hilfe des Programms *I IRV Tools* desselben Herstellers ausgewertet.

3.4.3 Allgemeinnarkose und Kastration

Sobald das Ferkel entsprechend vorbereitet war, wurde es kopfüber in die Halterung des *„Pigsleepers"* gelegt und mit dem hierfür vorgesehenen Bügel fixiert (Abb.3). Nach kurzer Zeit der Beruhigung des Ferkels und der Kontrolle der EEG-Aufzeichnungen bezüglich ihrer Elektrodenpotentiale und -impedanzen wurde die Insufflation per Knopfdruck gestartet. Bei Tieren der Kontrollgruppen wurde lediglich die Atemmaske vor Versuchsbeginn entfernt. Für die Versuchsdurchführung wurde nie mehr als ein Ferkel gleichzeitig insuffliert. Daher blieben die beiden anderen Gasleitungen ungenutzt. Für die Insufflation eines Ferkels wurde eine Gasdurchflussgeschwindigkeit von 1,5 l/min benötigt. Das Durchflussventil wurde trotzdem auf 5 l/min eingestellt, da ein Verschluss der beiden ungenutzten Atemmasken nicht möglich war.

Bei Aufleuchten der grünen Signallampe wurde mit der Kastration begonnen (ausgenommen waren die Tiere der Scheingruppen). Mit einem Einmalskalpell

wurden das Skrotum und der Processus vaginalis mit zwei ca. 1 cm langen senkrechten Schnitten über den Hoden eröffnet. Dann wurden die Hoden ohne direkte Berührung durch Druck auf das umliegende Gewebe vorgelagert und außerhalb des Processus mit den Fingern einer Hand ergriffen. Mittels eines Emaskulators wurden beide Hoden gleichzeitig abgesetzt. Der Emaskulator wurde noch kurze Zeit auf den Samenstrang- und Gefäßstümpfen belassen. In der Regel war inzwischen die Signalleuchte auf rot umgesprungen, so dass das Ferkel dem Gerät entnommen werden konnte. Die Kastrationswunden wurden mit 10%iger Vetseptlösung der Fa. *aniMedica,* Senden-Bösensell, versorgt.
Die Kastration wurde mit Einmalhandschuhen und sterilen Einmalskalpellen durchgeführt, die für jedes Tier erneuert wurden. Der Emaskulator wurde nach jedem Versuchstag gründlich gereinigt und mittels Heißluft sterilisiert und zwischen den einzelnen Kastrationen in Desinfektionslösung eingelegt.

3.4.4 Auswertungen

3.4.4.1 EEG

Die zumeist übliche Auswertung mittels Spektralanalyse war aufgrund von Abwehrbewegungen, Exzitationen und tiefer Atmung nicht möglich. Daher wurden die Roh-EEGs makroskopisch ausgewertet, indem ein Score für die Narkosetiefe vergeben wurde. Hierfür wurden Zeitabschnitte von fünf Sekunden festgelegt und die Anzahl der Wellen pro Sekunde ausgezählt. Die so bestimmte Frequenz wurde dem entsprechenden Frequenzband zugeordnet. Häufiges Auftreten von β-Wellen wurde als Wachzustand mit dem Score 0 bewertet. Die Einstreuung von θ-Wellen in eine β-Grundfrequenz wurde mittels Score 1 als leichte Sedierung aufgefasst, wobei es bereits häufig zu einer Abflachung der Amplitudenhöhen kam. Bei überwiegender θ-Tätigkeit mit vereinzelten δ-Aktivitäten wurde Score 2 für eine geringe Narkosetiefe vergeben. Für eine Zunahme der Narkosetiefe mit einer Erhöhung des δ-Anteils wurde der Score 3 vorgesehen. Als Score 4 wurde eine weitere Zunahme der

Narkosetiefe und eine weitere Abflachung der Amplitudenhöhe auf ein Minimum (≤ 5 µV) mit einigen Strecken von Isoelektrizität, den so genannten Burst Suppressions, gewertet. Die weitere Abnahme der Gehirntätigkeit wurde mit Score 5 bewertet, wobei nur noch selten Unterbrechungen der Nulllinie im EEG auftraten. Bei vollkommenem Erlöschen der Hirntätigkeit, also totaler Isoelektrizität (Hirntod), wurde der Score 6 vergeben (Tab. 2).

Tabelle 2: Bewertungsscore für die Narkosetiefe des EEGs

Score	Narkosezustand	Wellen	Frequenz
0	keine Sedierung, wach	β-Wellen	13-30 Hz
1	leichte Sedierung	β-, θ-, α- Wellen, Abflachung der Amplituden	4-30 Hz
2	zunehmende Narkosetiefe	θ- und δ- Wellen	0,5-8 Hz
3	optimale Narkose	δ- Wellen	0,5-4 Hz
4	sehr tiefe Narkose	kurze Nulllinien (<1 sec) und/oder abnehmende Gehirnaktivität (Amplitude < 5 mV)	0 Hz/ Burst suppressions
5	zu tiefe Narkose	überwiegend Nulllinien, wenig Gehirnaktivität	überwiegend 0 Hz
6	Gehirntod	keine, irreversibel	0 Hz

Für diese Bewertung wurden jeweils Fünf-Sekunden-Abschnitte herangezogen. Vergeben wurden Scores für vier verschiedene Zeitpunkte:

1. X1 = Wachzustand vor Beginn der Gaszufuhr,
2. X2 = 45 Sekunden nach Betäubungsbeginn, zu diesem Zeitpunkt gab das Narkosegerät die Kastration frei,
3. X3 = 75 Sekunden nach Betäubungsbeginn, zu diesem Zeitpunkt stoppte die Gaszufuhr, ungefähr zu diesem Zeitpunkt fand die Durchtrennung der Samenstränge statt,
4. X4 = 90 Sekunden nach Beginn der Gaszufuhr, die Ampel sprang auf \`Rot´, und das Ferkel sollte dem Gerät entnommen werden.

Für jeden dieser Zeitpunkte ± 5 Sekunden wurde ein Score vergeben. Je höher der Score, desto tiefer die Narkose. Eine optimale Narkosetiefe lag bei einem Score von 3 vor.

3.4.4.2 EEG-Artefakte zum Zeitpunkt der Emaskulation

Zudem wurde die Artefaktlänge der Hirnströme zum Zeitpunkt der Emaskulation beurteilt. Dieser gibt Aufschluss über die Bewegungsintensität der Versuchstiere als Reaktion auf den zugefügten Schmerz. Dazu wurden die Roh-EEGs zum Zeitpunkt der Emaskulation betrachtet und die Länge der Unterbrechung der Hirnstromlinie gemessen. Auch hierfür wurde ein Score vergeben (Tab.3).

Tabelle 3: Bewertungsscore für die Artefaktlänge im EEG zum Zeitpunkt der Emaskulation

Score	Dauer der Artefakte im EEG
0	0 sec
1	bis 1 sec
2	1-2 sec
3	2-5 sec
4	>5sec

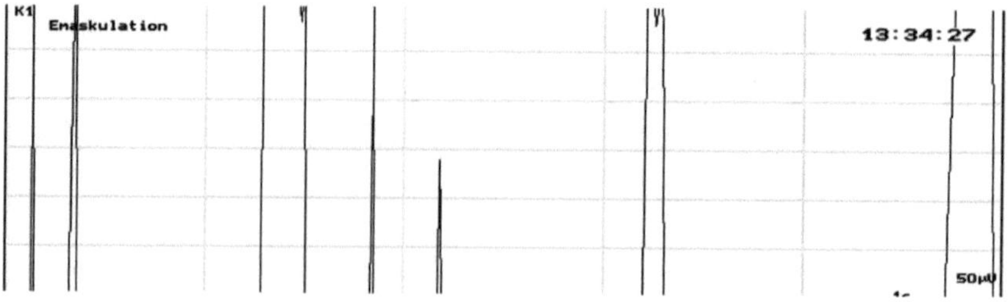

Abbildung 5: EEG-Artefakte eines Ferkels unter CO_2-Betäubung zum Zeitpunkt der Emaskulation (Artefakte-Score = 4)

3.4.4.3 EKG-Frequenzen

Im dauerhaft aufgezeichneten EKG wurden die Herzfrequenzen durch Auszählen der QRS-Komplexe zu vier zuvor festgelegten Zeitpunkten von je 5 Sekunden Dauer bestimmt. Die Zeitabschnitte entsprachen denen der EEG-Beurteilung.
Da die Auszählung der QRS-Komplexe nur über eine Zeitspanne von 5 definierten Sekunden stattfindet, wurden diese Werte im Anschluss mit 12 multipliziert, um die Minutenfrequenzen zu erhalten.

3.4.4.4 EKG-Arrhythmien

Das Auftreten von Herzarrhythmien wurde ungeachtet ihrer Erscheinungsform quantitativ erfasst. Dies geschah während der Auszählung der Herzfrequenzen in den vier oben genannten 5-Sekunden-Zeitabschnitten. Die Anzahl aller Arrhythmien in diesen 20 Sekunden wurde durch Multiplikation mit 3 auf eine Minute hochgerechnet.

3.4.4.5 Pulsoxymetrie

Um die Messungen der Sauerstoffsättigung miteinander vergleichen zu können, wurden die Veränderungen der Messwerte in Bezug zu den Ausgangswerten gesetzt. Die erhaltenen Werte wurden als Proz_SpO_2 bezeichnet. Somit errechnete sich die prozentuale Abweichung wie folgt:

$$Proz\_SpO_2 = (SpO_22 - SpO_21) \times 100 / SpO_21$$

Analog dazu wurde die Erhöhung oder Erniedrigung der Pulsfrequenz prozentual in Relation zu ihrem Ausgangswert gesetzt. Der erhaltene Wert wurde Proz_Puls genannt:

$$Proz\_Puls = (Puls2 - Puls1) \times 100 / Puls1$$

3.4.4.6 Bewertung der Lautäußerungen

Hierfür wurde ein Score vergeben, der von 0 = keine Lautäußerungen bis 3 = lautes länger anhaltendes Schreien reichte (Tab. 4). Es wurde jeweils der gesamte Zeitraum vom Fixieren des Versuchstieres bis zu dessen Entnahme aus der Apparatur bewertet.

Sämtliche Beurteilungen wurden immer von denselben zwei Personen durchgeführt.

3.4.4.7 Bewertung der Abwehrbewegungen

Entsprechend der Bewertung der Lautäußerungen wurde ein Score für die Abwehrbewegungen der Ferkel von 0 bis 3 vergeben (Tab. 5). Zu unterscheiden waren die Abwehrbewegungen von atemsynchronen Bewegungen durch sehr tiefe Inspiration und unwillkürlichen Exzitationen. Wie bei den Lautäußerungen wird auch hier der gesamte Zeitraum vom Einspannen in das Gerät bis zur Entnahme des Ferkels beurteilt.

Tabelle 4: Bewertungsscore für Lautäußerungen

Score	Lautäußerungen
0	keine
1	leichtes Grunzen
2	gelegentliches moderates Schreien
3	ständiges lautes Schreien

Tabelle 5: Bewertungsscore für Abwehrbewegungen

Score	Abwehrbewegungen
0	keine
1	leichte Abwehrbewegungen
2	gelegentliche mäßige Abwehrbewegungen
3	ständige starke Abwehrbewegungen

3.4.4.8 Bewertung der Schmerzreaktionen

Die Bewertung dieses Parameters bezog alle Formen der Abwehr (Schreien, Bewegungen) ein und beschränkte sich im Gegensatz zu den Verhaltensbeobachtungen (Lautäußerungen und Abwehrreaktionen) auf die konkreten Zeitpunkte der Kastrationseingriffe. Die Schmerzreaktionen auf die Manipulationen durch den ersten und zweiten Hautschnitt, sowie die Emaskulation (Durchtrennung beider Samenstränge mittels Emaskulator) wurden hier getrennt voneinander bewertet und ihre Scorewerte anschließend summiert. Die Scorevergabe für jeden einzelnen Eingriff reichte von 0 bis 3 (Tab. 6). Der Score für die Emaskulation wurde doppelt gewertet, so dass sich ein maximaler Summenscore von 12 ergab.

Tabelle 6: Bewertungsscore für Schmerzreaktionen

Score	Schmerzreaktionen
0	keine
1	geringgradige
2	mittelgradige
3	hochgradige

3.4.4.9 Bewertung des Kreislaufs

Zusätzlich wurde ein Score für das Allgemeinbefinden, insbesondere den Herz-Kreislaufzustand und die Atmung, nach Entnahme des Ferkels aus dem Gerät vergeben. Je höher der Score, desto schlechter war der Allgemeinzustand des Ferkels (Tab. 7). Der Tod des Tieres wird mit Score 4 bewertet.

Tabelle 7: Bewertungsscore für den Zustand des Herz-Kreislaufsystems und der Atmung

Score	Atmung	Herzschlag	Haut / Schleimhaut
0	unverändert, ruhig	unverändert, regelmäßig	unverändert, rosig
1	leicht erhöhte Frequenz	Frequenz leicht erhöht oder erniedrigt	unverändert, rosig
2	mittelgradig erhöhte Frequenz, Maulatmung	Frequenz mittelgradig erniedrigt o. erhöht, unregelmäßig	blass
3	Maul- und Schnappatmung, unregelmäßig	unregelmäßig, meist stark erniedrigt	fahl, gräulich-bläulich
4	/	/	fahl, gräulich-bläulich

3.4.4.10 Wundheilungskontrollen

Die Heilung der Kastrationswunden sowie der Allgemeingesundheitsstatus der Ferkel wurde über einen Zeitraum von drei Wochen verfolgt, d.h. bis zum Absetzen. Zur Beurteilung der Kastrationswunden und des Allgemeinzustandes wurde der Beurteilungsscore von RITTERSHAUS (2009) übernommen. Bei der Beurteilung wurden beide Seiten getrennt voneinander betrachtet und die Beurteilung des Allgemeinzustandes und des Verhaltens doppelt gewichtet. Die Ergebnisse wurden addiert. Der Scoreverteilung entsprechend stand eine niedrige Gesamtpunktzahl für eine fortgeschrittene Wundheilung. Eine hohe Punktzahl spiegelte eine schlechte Wundheilung bzw. Störung im Heilungsverlauf wieder (Tab. 8).

Die Kastrationswunden der Ferkel wurden dreimal innerhalb von ca. 21 Tagen beurteilt. Die erste Wundkontrolle fand zwischen dem zweiten und neunten Tag post castrationem statt, die zweite wurde zwischen dem zehnten und 17, und die dritte Kontrolle zwischen dem 18. und 25. Tag durchgeführt. War die Wundheilung schon vor der dritten Kontrolle abgeschlossen, wurde für die dritte Kontrolle automatisch die Punktzahl 18 vergeben.

Tabelle 8: Bewertungsscore für die Wundheilung nach RITTERSHAUS (2009)

Punktzahl	A) Konsistenz der Wundumgebung	B) Farbe der Wundumgebung
1	weichelastisch	rosarot/ blassrosa
2	derbelastisch + (≤0,5 cm)	rot (nur Ränder)
3	derbelastisch ++ (>0,5 cm)	rot ≤ 1 cm/ blaurot < 0,5 cm
4	ödematös/ knisternd	rot > 1 cm/ blaurot 0,5-1 cm
5	hart/ fluktuierend	andere Verfärbung/ Nekrose
6		blaurot > 1 cm
7		
8		
Punktzahl	**C) Farbe der Schnittflächen**	**D) Temperatur der Wundumgebung**
1	blassrosa/rosarot	warm
2	braun/dkl. braun(Schorf)	vermehrt warm
3	rot (hyperäm. Gewebe)	kalt
4	gelb-braun (eitrig- schmierig)	
5		
6		
7		
8		
Punktzahl	**E) Zustand der Wunde**	**F) Sekret**
1	geschlossen, kein Schorf	ohne
2	geschlossen, Schorfreste	ggr. serös
3	geschlossen mit Schorf	hgr. serös
4	teils adaptiert mit Schorf	ggr. blutig-serös
5	klaffend, ggr. Randschorf	hgr. blutig-serös
6	klaffend, kein Schorf	blutend
7		ggr. eitrig
8		hgr. eitrig
Punktzahl	**G) Konsistenz der Samenstränge**	**H) Dicke der Samenstränge**
1	weichelastisch/kaum fühlbar	kaum fühlbar
2	derbelastisch	bis ca. 0,3 cm ø
3	verhärtet	bis ca. 0,5 cm ø
4		bis ca. 0,7 cm ø
5	knotig	bis ca. 1 cm ø
6		bis 0,5 cm ø und kugelige Verdickung
7	Abszess	bis 1 cm ø und kugelige Verdickung
8		erhebliche UVM (Abszess)
Punktzahl	**I) Verhalten und Allgemeinbefinden (doppelt gewichtet)**	
1	lebhaft, steht, läuft	
2	ruhig, Kopf gesenkt	
3	sehr ruhig, lahmt oder liegt viel	
4	apathisch, liegt nur	
5		
6		
7		
8		
Summe:	**Doppelt gewichtet: Min. = 2 Punkte, Max. = 8 Punkte**	
Gesamtscore:	**Minimum: 18 Punkte, Maximum: 102 Punkte**	

3.5 Statistik

Die statistische Auswertung und Darstellung der Daten wurde mit dem Programm SAS 9.1 und Microsoft Excel für Windows XP durchgeführt.

Sämtliche Daten wurden mittels der SAS-Prozedur Univariate auf ihre Normalverteilung überprüft. Im Falle normal verteilter Daten konnten hierbei gleichzeitig die Mittelwerte und Standardabweichungen abgelesen werden.
Bei nicht normal verteilten Werten wurden die Mediane, die 25%- und 75%-Quantile, sowie die Minima und Maxima angegeben. War nur ein Teil der Daten normal verteilt, dann wurde für weitere Vergleiche von allgemein nicht normaler Verteilung ausgegangen. Daher wurde für die nachfolgenden Vergleiche der Wilcoxon´s two sample Test angewandt, bei dem jeweils zwei unabhängige Stichproben miteinander verglichen wurden. Dies entsprach der SAS-Prozedur NPAR1WAY. Bei normal verteilten Stichproben konnte hier neben dem p-Wert zusätzlich der t-Wert für den t-Test normal verteilter Stichproben angegeben werden. War dies der Fall, wurden hier beide möglichen Werte angegeben.
Das Signifikanzniveau wurde mit 5% angegeben, d.h. p- bzw. t-Werte ≤ 0,05 sprachen für einen signifikanten Unterschied zwischen zwei Datengruppen. Hochsignifikante Unterschiede wurden bei p-Werten ≤0,001 angenommen.
Verbundene Stichproben wurden mit dem Wilcoxon´s signed-rank Test auf ihre Differenzen gegenüber Null getestet. Waren die Differenzen mit Null identisch, konnte von einer Gleichheit der beiden Stichproben ausgegangen werden.
Beim Vergleich der Tierverluste handelte es sich um eine dichotome Zielgröße. Somit kam hierbei der Chi-Quadrat-Homogenitätstest mit anschließendem Fisher´s Exact Test zur Anwendung.
Die Darstellung der Daten erfolgte bei Gruppenvergleichen durch Eingabe der Mediane, 25%- und 75%-Quantile und der Minima und Maxima in Excel. Diese wurden dann mittels Boxplots dargestellt.

4 Ergebnisse

4.1 EEG

Gruppenvergleiche

Der in Tabelle 2 beschriebene Score für die Bewertung des EEGs zu den vier Zeitpunkten wurde auf seine Verteilung in den einzelnen Gruppen geprüft. Die meisten Werte für die Beurteilung der Narkosetiefe waren nicht normal verteilt. Daher kam der Wilcoxontest beim Vergleich der drei Gruppen innerhalb einer Gesamtgruppe zum Einsatz. Lediglich beim Vergleich der Werte der Gruppen 4 und 6 zu den Zeitpunkten X2 und X3 konnte der t-Test hinzugezogen werden. Dieser führte allerdings zum selben Ergebnis (Tab.9).
Statistisch signifikante Unterschiede innerhalb der Gesamtgruppen zeigten sich beim Vergleich der Gruppen 1 und 2 zum Zeitpunkt X2 (p=0,0061) und beim Vergleich der Gruppen 1 und 3 zum Zeitpunkt X2 (p=0,0078).

Gesamtgruppen-Vergleiche

Die zusammengefassten Werte der Gesamtgruppe 1 waren ebenso wie die der Gesamtgruppe 2 nicht normal verteilt.
Bei den Gesamtgruppen 3 und 4 waren alle Werte identisch gleich Null, da es hier zu keinerlei Narkosestadien kam. Dementsprechend lieferte auch der Vergleich im Wilcoxon- wie auch im t-Test zu jedem Zeitpunkt p- bzw. t-Werte von 1,0.
Der Vergleich der GG1 mit der GG2 sowie der GG2 mit der GG3 lieferte für den Wachzeitpunkt X1 signifikante Unterschiede.
Beim Vergleich der CO_2-Kastrationsgruppe (GG1) mit der CO_2-Scheingruppe (GG2) zeigten sich für die übrigen Zeitpunkte keine signifikanten Unterschiede. Wie bereits beschrieben, waren die statistischen Werte der Gesamtgruppen ohne Betäubung (GG3 und 4) identisch.

Im Gegensatz dazu waren die Werte der beiden Scheingruppen (mit und ohne CO_2) GG2 und 3 zu den Zeitpunkten X2, X3 und X4 hochsignifikant verschieden (p<0,0001).

Gleiches galt für den Vergleich der beiden Kastrationsgruppen GG1 und 4 (mit und ohne CO_2). Auch hier waren die p-Werte für die Zeitpunkte X2, X3 und X4 <0,0001 (Tab. 10).

Tabelle 9: p- und t-Werte des Gruppenvergleichs der EEG-Scores zu den Zeitpunkten X1, X2, X3, X4

Gruppenvergleich	X1				X2			
Gr.1 vs. Gr.2	p=	1,0000	t=	1,0000	p=	**0,0061**		
Gr.1 vs. Gr.3	p=	0,0814			p=	**0,0078**		
Gr.2 vs. Gr.3	p=	0,1635			p=	0,1083		
Gr.4 vs. Gr.5	p=	1,0000	t=	1,0000	p=	1,0000	t=	1,0000
Gr.4 vs. Gr.6	p=	1,0000	t=	1,0000	p=	0,6171	t=	0,6514
Gr.5 vs. Gr.6	p=	1,0000	t=	1,0000	p=	0,6831		
Gr.7 vs. Gr.8	p=	1,0000	t=	1,0000	p=	1,0000	t=	1,0000
Gr.7 vs. Gr.9	p=	1,0000	t=	1,0000	p=	1,0000	t=	1,0000
Gr.8 vs. Gr.9	p=	1,0000	t=	1,0000	p=	1,0000	t=	1,0000
Gr.10 vs. Gr.11	p=	1,0000	t=	1,0000	p=	1,0000	t=	1,0000
Gr.10 vs. Gr.12	p=	1,0000	t=	1,0000	p=	1,0000	t=	1,0000
Gr.11 vs. Gr.12	p=	1,0000	t=	1,0000	p=	1,0000	t=	1,0000

Gruppenvergleich	X3				X4			
Gr.1 vs. Gr.2	p=	0,2370			p=	0,7861		
Gr.1 vs. Gr.3	p=	0,0964			p=	0,9889		
Gr.2 vs. Gr.3	p=	1,0000	t=	1,0000	p=	0,7240		
Gr.4 vs. Gr.5	p=	0,7237			p=	0,8057		
Gr.4 vs. Gr.6	p=	0,6171	t=	0,6514	p=	0,3329		
Gr.5 vs. Gr.6	p=	1,0000	t=	1,0000	p=	0,5585		
Gr.7 vs. Gr.8	p=	1,0000	t=	1,0000	p=	1,0000	t=	1,0000
Gr.7 vs. Gr.9	p=	1,0000	t=	1,0000	p=	1,0000	t=	1,0000
Gr.8 vs. Gr.9	p=	1,0000	t=	1,0000	p=	1,0000	t=	1,0000
Gr.10 vs. Gr.11	p=	1,0000	t=	1,0000	p=	1,0000	t=	1,0000
Gr.10 vs. Gr.12	p=	1,0000	t=	1,0000	p=	1,0000	t=	1,0000
Gr.11 vs. Gr.12	p=	1,0000	t=	1,0000	p=	1,0000	t=	1,0000

Tabelle 10: p-Werte des GG-Vergleichs des EEG-Scores zu den Zeitpunkten X1, X2, X3, X4

GG-Vergleich	X1	X2	X3	X4
GG1 vs. GG2	**0,0223**	0,5543	0,0824	0,4964
GG2 vs. GG3	**0,0465**	***<0,0001***	***<0,0001***	***<0,0001***
GG3 vs. GG4	1,0000	1,0000	1,0000	1,0000
GG1 vs. GG4	0,2406	***<0,0001***	***<0,0001***	***<0,0001***

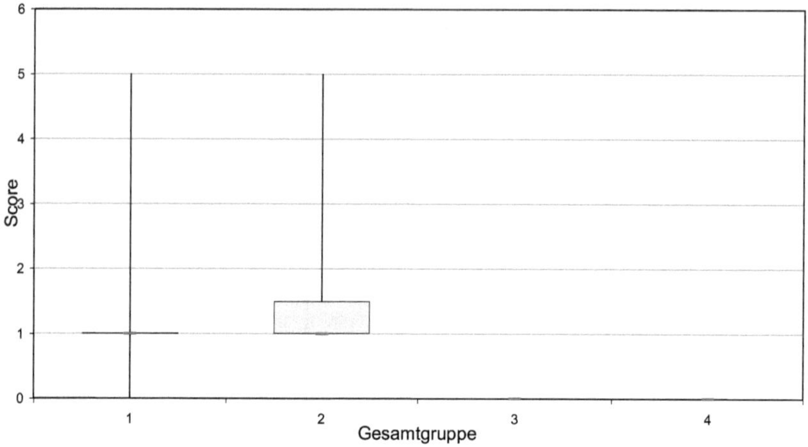

Abbildung 6: Boxplot des EEG-Scores der GG zum Zeitpunkt X3

Weiterhin relevant für die Beurteilung der Narkose anhand des EEGs war die Vergabe der einzelnen Scores. So gaben die statistischen Lagemaße nur an, wie weit die Verteilung des Scores reicht (z.B. GG2 zum Zeitpunkt X3: 1 - 5 (Minimum – Maximum), 1 -1,5 (unteres bis oberes Quartil)). Dass der für die chirurgische Toleranz optimale Score von 3 gar nicht vergeben wurde, blieb hierbei jedoch unbeachtet. Die Scorewerte 3 und 4 wurden bei keiner Gruppe zu keinem Zeitpunkt vergeben (vergleiche Abb.7,8 und 9).

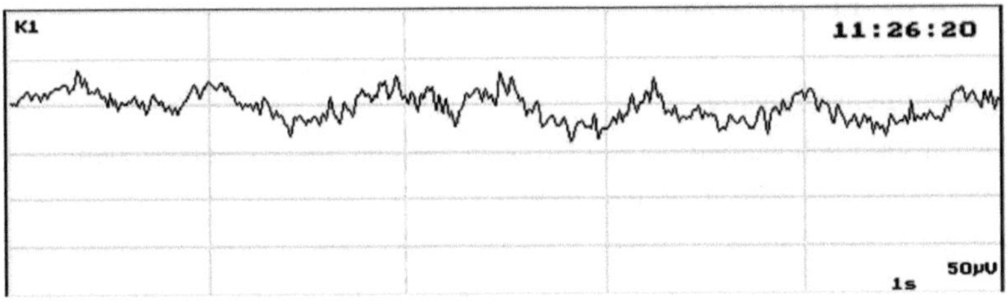

Abbildung 7: EEG eines wachen Ferkels vor dem Betäubungsbeginn

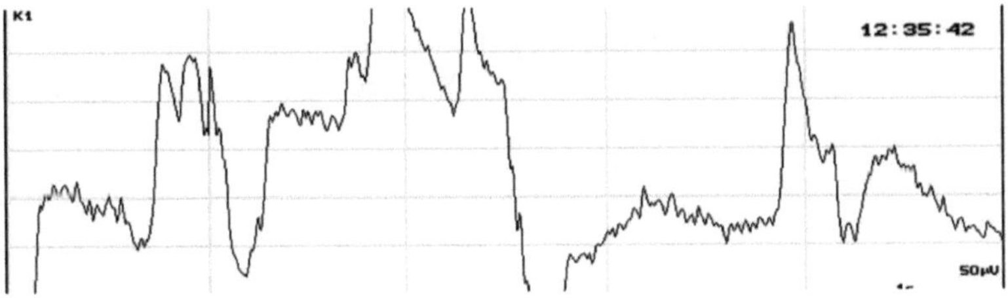

Abbildung 8: EEG eines Ferkels nach 45 sec CO_2-Betäubung

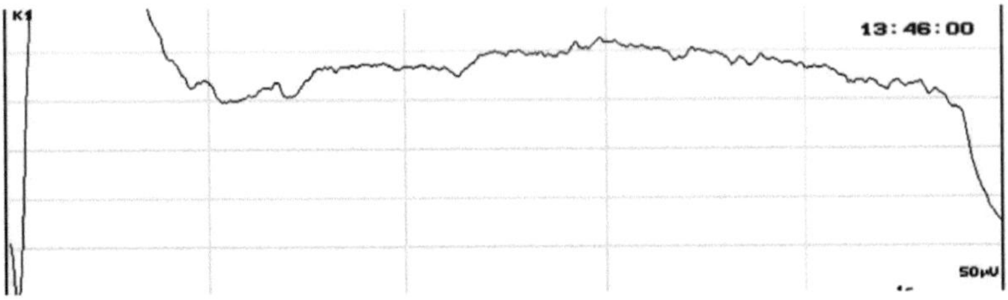

Abbildung 9: EEG eines Ferkels nach 70 sec CO_2-Betäubung

4.1.1 EEG-Artefakte

Gruppenvergleiche

Für einen Vergleich wurden nur die Gruppen 1-3 und 10-12 herangezogen, da bei den Scheingruppen keine Kastration stattfand.

Der Gruppen-Vergleich zeigte weder innerhalb der Versuchsgruppe (Gesamtgruppe1) noch innerhalb der Kontrollgruppe (Gesamtgruppe 4) signifikante Unterschiede. Somit konnte GG1 direkt mit GG4 verglichen werden.

Gesamtgruppen-Vergleiche

Der Gesamtgruppenvergleich ist in Abbildung 10 graphisch dargestellt. Die Graphik zeigt den hochsignifikanten Unterschied (p=0.0002) der beiden Kastrationsgruppen.

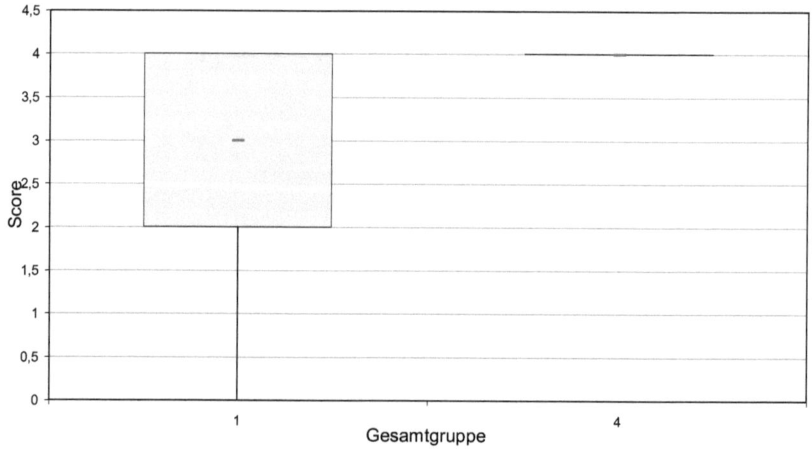

Abbildung 10: Boxplot der Scores für EEG-Artefakte der GG1 u. 4 zum Zeitpunkt der Emaskulation

4.1.2 EKG-Herzfrequenzen

Gruppenvergleiche

Innerhalb der zwölf Tiergruppen waren die Ergebnisse der Frequenzmessung nicht alle normal verteilt. Daher wurde ein Vergleich zwischen den Gruppen mittels Wilcoxon-Test durchgeführt (Tab. 11).

Tabelle 11: p-Werte des Gruppenvergleichs der EKG-Herzfrequenzen zu den Zeitpunkten X1, X2, X3, X4

	X1	X2	X3	X4
1 vs. 2	0,2314	0,7146	0,4908	0,2840
1 vs. 3	0,5298	0,0653	0,6337	0,4237
2 vs. 3	0,1212	**0,0112**	0,6603	**0,0255**
4 vs. 5	0,4720	0,1892	0,1329	0,6451
4 vs. 6	0,5199	0,6679	0,9143	0,5369
5 vs. 6	0,2536	0,1726	**0,0223**	0,0640
7 vs. 8	0,9268	0,1621	0,3042	0,2835
7 vs. 9	1,0000	0,4587	0,3725	0,8824
8 vs. 9	0,9124	0,9148	0,8307	0,1995
10 vs. 11	0,7483	0,4406	0,4015	0,3069
10 vs. 12	0,5520	0,9052	0,1432	0,2136
11 vs. 12	0,9575	0,3357	0,4001	0,7150

Tabelle 11 zeigt die p-Werte für den Wilcoxontest im Gruppenvergleich. Die fettgedruckten p-Werte bezeichnen signifikante Unterschiede. Demnach waren die Ausgangsfrequenzen bei den wachen Tieren innerhalb ihrer Gesamtgruppen nicht signifikant verschieden voneinander.

Signifikante Unterschiede zeigten sich zum Zeitpunkt X2 innerhalb der Gesamtgruppen nur zwischen den Gruppen 2 (60 min Finadyne) und 3 (kein Finadyne). Gruppe 3 (kein Flunixin) erreichte hierbei die niedrigsten Herzfrequenzen

von 72 (60-96)/min. Gruppe 2 (Flunixin-Applikation 60 min vor Kastration) hatte innerhalb der ersten Gesamtgruppe die höchsten Frequenzwerte von 108 (84-144)/min.
Zum Zeitpunkt X3, also etwa zum Zeitpunkt der Emaskulation, gab es nur signifikante Unterschiede zwischen den CO_2-Scheingruppen. Auch hier kamen die höchsten Herzfrequenzen wieder bei der Gruppe mit der Flunixin-Applikation 60 Minuten vor dem Eingriff (Gruppe 5) vor (120/min). Die niedrigsten Werte traten bei der Gruppe 4 (Finadyne 20 min) mit 60/min auf. Allerdings war hier die Abweichung der Quartile (25 und 75%) relativ hoch (36-120/min).
Zum 4. Zeitpunkt, d.h. nach Beendigung der Betäubung und des Eingriffs, gab es wieder signifikante Unterschiede zwischen den Gruppen 2 und 3. Die Gruppe 3 (ohne Finadyne) wies hierbei Frequenzen von 108 (72-144)/min auf. Signifikant niedrigere Werte hatte die Gruppe 2 (Finadyne-Applikation 60 min vor Kastration) mit 60 (36-108)/min (Tab. 11).

Gesamtgruppen-Vergleiche

Auch die Gesamtgruppen zeigten hinsichtlich ihrer Herzfrequenzen im EKG nicht immer eine Normalverteilung. Daher mussten sie mittels Wilcoxon´s two-sample Test verglichen werden. Im Falle der Normalverteilung der Werte beider verglichener Stichproben für einen Zeitpunkt wurde zusätzlich der t-Wert des t-Tests mit angegeben. P- und t-Werte sind aus der Tabelle 12 ersichtlich.

Tabelle 12: p- und t-Werte des GG-Vergleichs der EKG-Herzfrequenzen zu den Zeitpunkten X1, X2, X3, X4

Zeitpunkte	X1		X2	
	p-Wert	t-Wert	p-Wert	t-Wert
GG1 vs. GG2	0,4016	0,4048	0,6973	
GG2 vs. GG3	0,1609		***<0,0001***	
GG3 vs. GG4	0,3127		0,4125	
GG1 vs. GG4	**0,0078**		***<0,0001***	

Zeitpunkte	X3		X4	
	p-Wert	t-Wert	p-Wert	t-Wert
GG1 vs. GG2	0,1433		0,1983	0,2033
GG2 vs. GG3	***<0,0001***		***<0,0001***	***0,0003***
GG3 vs. GG4	**0,0048**		***<0,0001***	
GG1 vs. GG4	***<0,0001***		***<0,0001***	

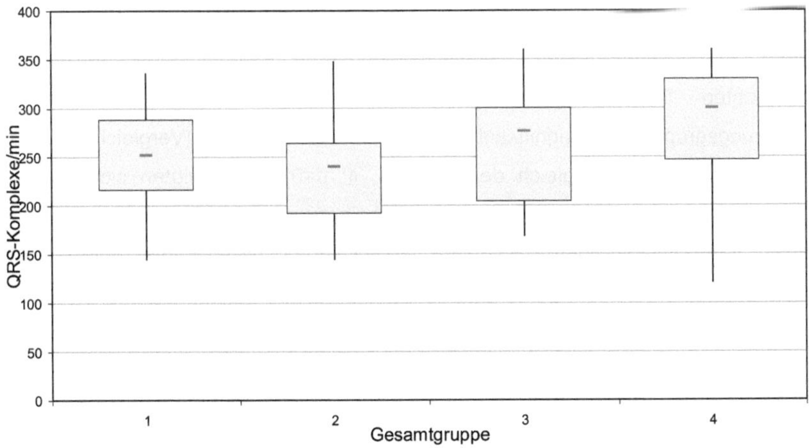

Abbildung 11: Boxplot der EKG-Herzfrequenzen der GG zum Zeitpunkt X1

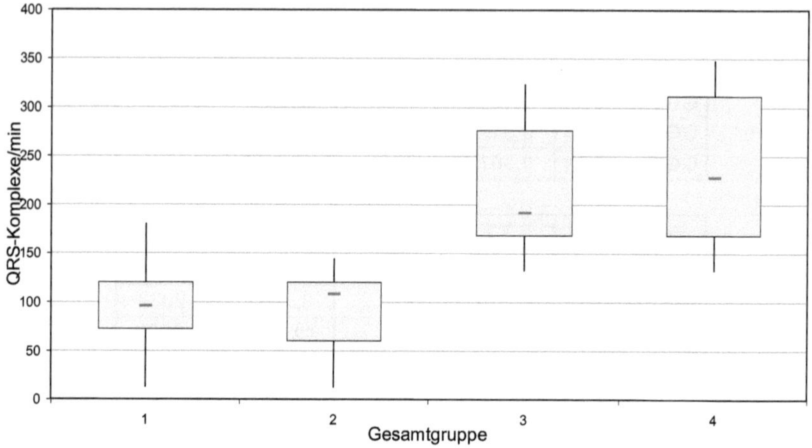

Abbildung 12: Boxplot der EKG-Herzfrequenzen der GG zum Zeitpunkt X2

Bereits zum Zeitpunkt X2, also 30 Sekunden nach Beginn der Insufflation, lagen beide CO_2-Gesamtgruppen in deutlich niedrigeren Frequenzbereichen als die unbetäubten Tiere. Während sich die Herzfrequenzen der Ferkel einer Betäubungsgruppe nicht signifikant voneinander unterschieden (Vergleich der GG1 vs. GG2: p=0,6973, Vergleich der GG3 vs. 4: p=0,4125), zeigten sich bei den Vergleichen der Ergebnisse der beiden Scheingruppen (GG2 und 3) sowie der beiden Kastrationsgruppen (GG1 und 4) jeweils hochsignifikante Unterschiede (jeweils p<0,0001) (Abb. 12).

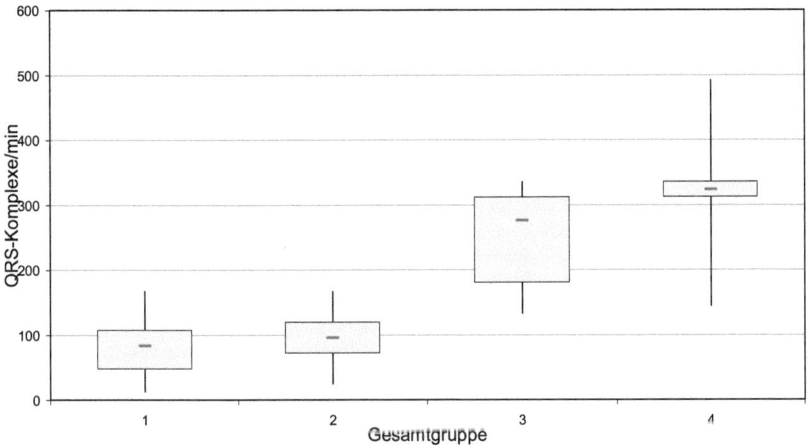

Abbildung 13: Boxplot der EKG-Herzfrequenzen der GG zum Zeitpunkt X3

Zum Zeitpunkt X3 unterschieden sich lediglich die Frequenzen der GG1 und 2 nicht signifikant voneinander. Wie in der Abbildung 13 deutlich ersichtlich, zeigten sich hochsignifikante Unterschiede ($p<0,0001$) beim Vergleich der beiden Scheingruppen GG2 und 3, wie auch der beiden Kastrationsgruppen GG1 und 4 miteinander. Doch zu diesem Zeitpunkt, zu dem gerade die Kastration ablief, zeigten sich auch signifikante Unterschiede zwischen den beiden Gesamtgruppen, die nicht betäubt wurden (GG3 und 4). Die Werte der Kastrationsgruppe lagen hier signifikant ($p=0,0048$) über denen der unkastrierten Gruppe (Abb. 13).

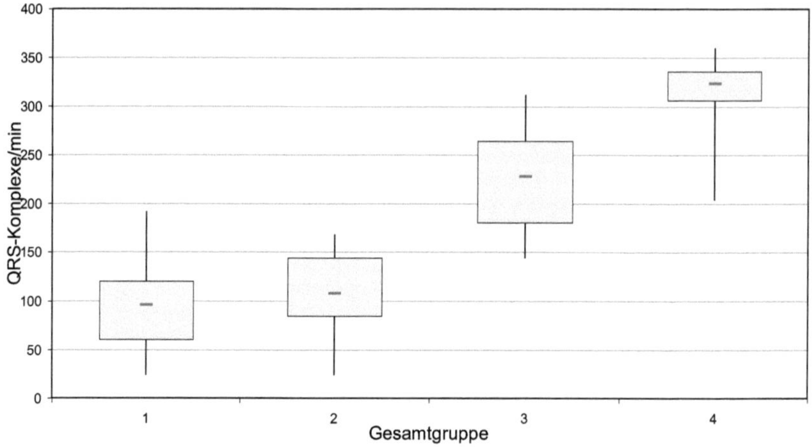

Abbildung 14: Boxplot der EKG-Herzfrequenzen der GG zum Zeitpunkt X4

Die Unterschiede zwischen den GG3 und 4 hatten sich zum Zeitpunkt X4, also nach Beendigung der Kastration, noch verstärkt. Beide Gruppen unterschieden sich nun hochsignifikant (p<0,0001) voneinander. Auch die Vergleiche der GG1 mit der GG4 und der GG2 mit der GG3 zeigten weiterhin hochsignifikante Unterschiede. Lediglich die CO_2-Gruppen unterschieden sich wiederum nicht signifikant voneinander (p=0,1983 bzw. t=0,2033) (Abb.14).

4.1.3 EKG-Arrhythmien

Gruppenvergleiche

Um den Einfluss der Finadyne-Applikation zu bestimmen, wurde zum Vergleich der Gruppen innerhalb der Gesamtgruppen der Wilcoxon-Test angewandt, da nicht alle Gruppen hierfür normal verteilte Werte aufwiesen. Keiner der erhaltenen p-Werte war kleiner als 0,05; somit waren hier keine signifikanten Unterschiede festzustellen.

Gesamtgruppen-Vergleiche

Der Vergleich zwischen den Gesamtgruppen wurde ebenfalls mittels Wilcoxon-Test durchgeführt, da keine Normalverteilung nachgewiesen werden konnte. Er ergab für die GG1 und 2 (CO_2 mit und ohne Kastration) sowie für die GG 3 und 4 (ohne Betäubung mit und ohne Kastration) keine signifikanten Unterschiede. Zwischen den GG2 und 3 (Scheingruppen mit und ohne CO_2) waren signifikante Unterschiede festzustellen. Hochsignifikante Unterschiede zeigten sich beim Vergleich beider Kastrationsgruppen (GG 1 und 4, mit und ohne CO_2) (Tab. 13).

Tabelle 13: p-Werte des GG-Vergleichs der Anzahl der EKG-Herzarrhythmien

Gesamtgruppen-Vergleich	P-Wert im Wilcoxontest
1 vs. 2	0,1013
2 vs. 3	**0,007**
3 vs. 4	0,787
1 vs.4	***<0,0001***

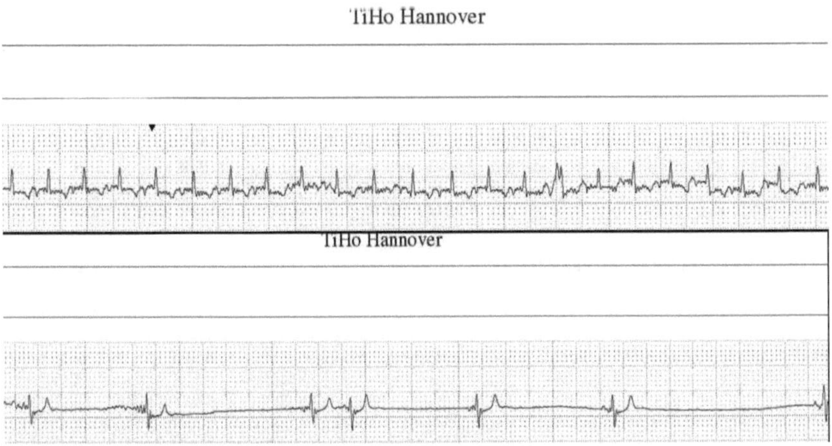

Abbildung 15: Oben: EKG eines wachen Ferkels, unten: EKG eines CO_2-betäubten Ferkels mit Arrhythmien und Bradykardie

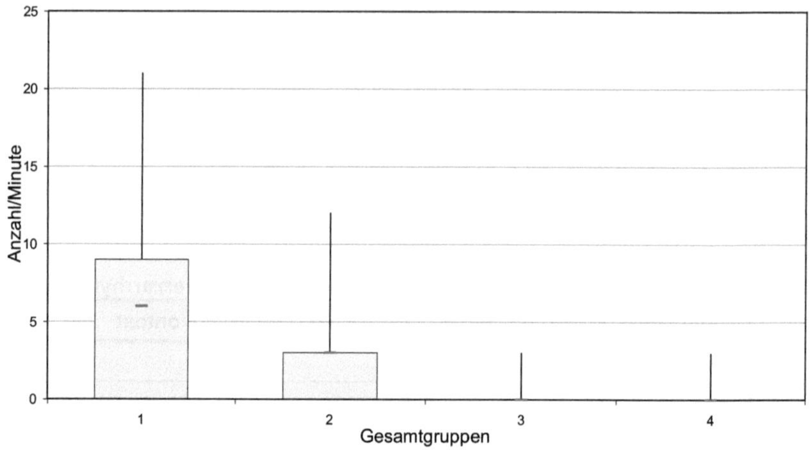

Abbildung 16: Boxplot der Anzahl der EKG-Herzarrhythmien der GG

4.1.4 Sauerstoffsättigung

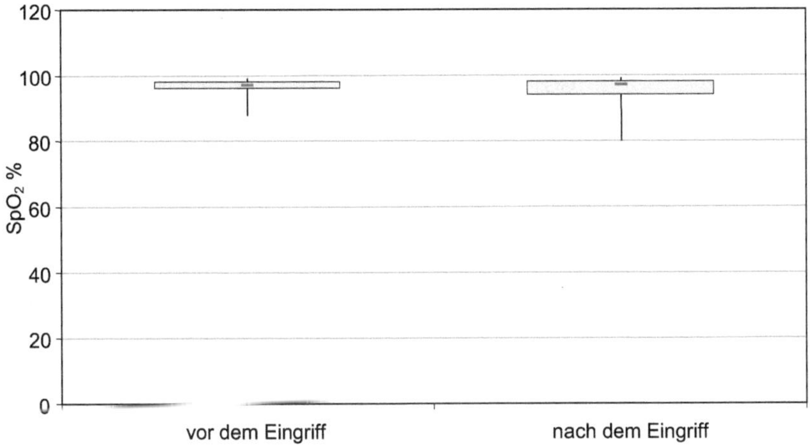

Abbildung 17: Boxplot des Sauerstoffsättigung der GG1

Abbildung 17 zeigt die gemessene Sauerstoffsättigung der Gesamtgruppe1 vor und nach der Betäubung und der Kastration.
Es wird deutlich, dass sich die Sauerstoffsättigung durch die Betäubung nur minimal änderte. Daher wurde zur weiteren Auswertung der Wert Proz_SpO_2 herangezogen. Die Mediane dieses Wertes reichten von -0,51% bis 3,15%. Das bedeutet, dass die Abweichungen gegenüber dem ersten Messwert sehr gering sind (-0,5 bis 3%). Die Werte Proz_SpO_2 waren innerhalb der Gruppen nicht alle normal verteilt. Daher wurde hier für den Gruppen-Vergleich auf den Wilcoxon´s two-sample-test zurückgegriffen.
Der Vergleich der Gruppen innerhalb einer Gesamtgruppe ergab keine signifikanten Unterschiede. Daher konnten die Gesamtgruppen direkt verglichen werden.
Die Werte der Gesamtgruppen zeigten ebenfalls keine signifikanten Unterschiede (Tab. 14, Abb. 18).

Tabelle 14: p- und t-Werte des GG-Vergleichs der Werte für Proz_SpO_2

Untersuchter Parameter	Gesamtgruppe	P-Werte
Einfluss der Kastration	GG1 vs. GG2 (CO_2)	0,1443 (Wilcoxon)
	GG3 vs. GG4 (kein CO_2)	0,4798 (Wilcoxon) 0,4832 (t-Test)
Einfluss der Betäubung	GG1 vs. GG4 (Kastration)	0,7207 (Wilcoxon)
	GG2 vs. GG3 (keine Kastration)	0,8011 (Wilcoxon)

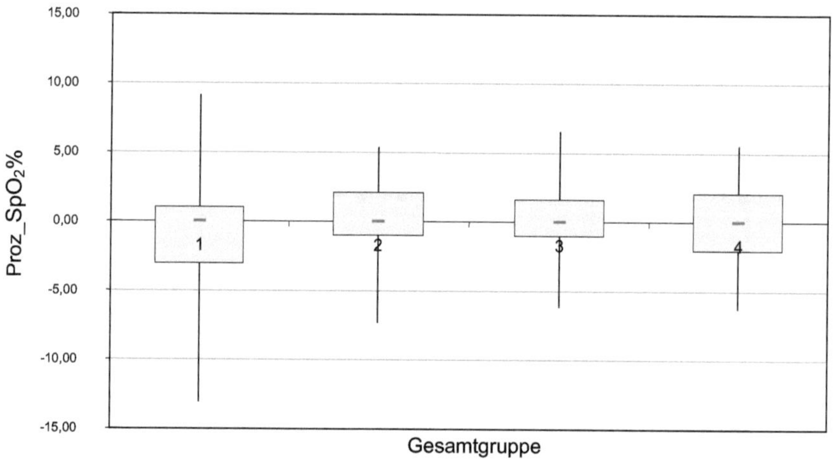

Abbildung 18: Boxplot der Werte für Proz_SpO_2 der GG

4.1.5 Puls

Die Abbildungen 19 und 20 zeigen die Pulsfrequenzen der GG1 bzw. 4 vor und nach dem Eingriff. Da es auch hier nur zu geringen Frequenzänderungen kam, wurde für die weiteren Vergleiche der Wert Proz_Puls herangezogen.

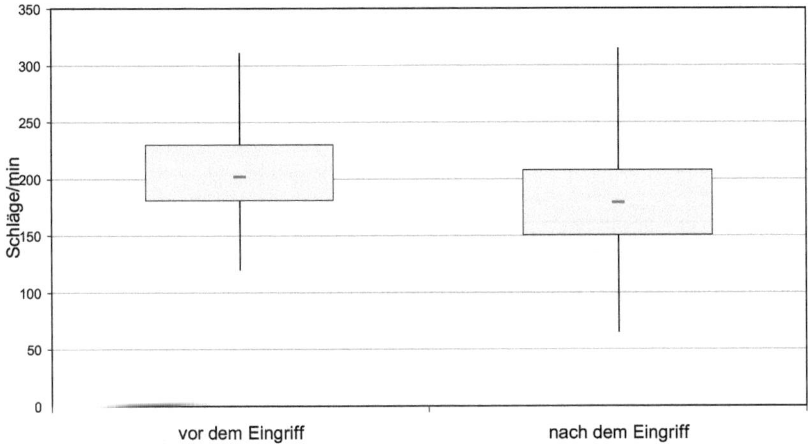

Abbildung 19: Boxplot der Pulsfrequenzen der GG1

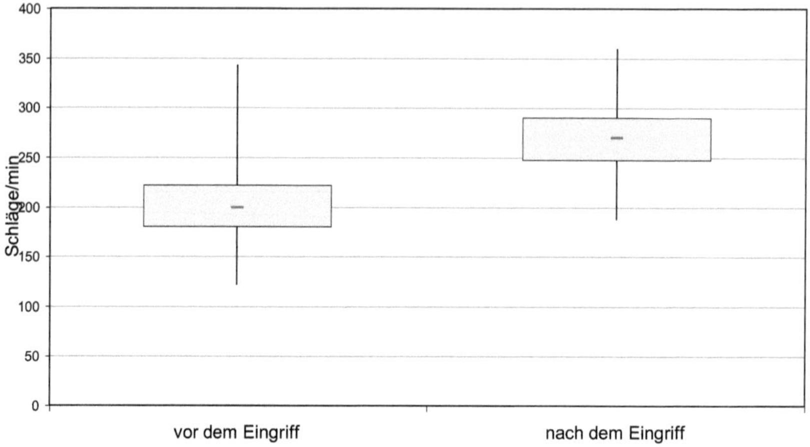

Abbildung 20: Boxplot der Pulsfrequenzen der GG4

Proz_Puls war innerhalb der Gruppen nicht immer normal verteilt. Daher wurden die Versuchsgruppen mit dem Wilcoxon´s two-sample-test, auf ihre Lage zueinander verglichen. Signifikante Unterschiede zwischen den Gruppen gab es lediglich zwischen den Scheingruppen 4 und 5.

Der Vergleich der Versuchs- mit der Kontrollgruppe (GG1 vs. GG4) lieferte hochsignifikante Unterschiede ($p<0{,}0001$). Während der Wert für Proz_Puls bei einer Betäubung mit CO_2 bei -11,69 (-23,58 bis -0,29) lag, die Pulsfrequenz also um mehr als 10% abnahm, gab es bei einer Kastration ohne Betäubung eine Zunahme des Pulses um bis zu 40% (Proz_Puls-Wert bei 36,36 (-16,88 bis 54,26)).

Signifikante Unterschiede ($p=0{,}0298$) zeigten sich auch beim Vergleich der Gesamtgruppen 2 und 3 (Scheingruppen mit und ohne Betäubung), wobei auch hier die Werte der Gruppe mit CO_2 im negativen, die der Gruppe ohne CO_2-Betäubung im positiven Bereich lagen.

Obwohl jeweils im positiven Bereich liegend, waren auch die Werte für die GG4 (Kontrollgruppe) signifikant höher ($p=0{,}0047$, $t=0{,}0069$) als die für die GG3.

Lediglich zwischen den beiden CO_2-Gruppen (mit und ohne Kastration) zeigten sich keine signifikanten Unterschiede.

4.1.6 Klinische Beobachtungen

4.1.6.1 Verhalten

Dieser Wert stellte eine Summe aus den vergebenen Scores für Lautäußerungen und Abwehrbewegungen dar. Dementsprechend lag der minimale Gesamtscore bei 0, der maximal vergebene Summenscore bei 6. Bei den Werten lag nicht immer eine Normalverteilung vor. Der Wilcoxonvergleich der Gruppen jeder Gesamtgruppe ergab keine signifikanten Unterschiede (Tab. 15). Daher konnten die Gesamtgruppen zusammenfassend betrachtet werden.

Tabelle 15: p-Werte des Gruppenvergleichs der Summenscores für Lautverhalten und Abwehrbewegungen

Gruppenvergleich	p-Werte
Gr.1 vs. Gr.2	0,3766
Gr.1 vs. Gr.3	0,9030
Gr.2 vs. Gr.3	0,3529
Gr.4 vs. Gr.5	0,9196
Gr.4 vs. Gr.6	0,5355
Gr.5 vs. Gr.6	0,4547
Gr.7 vs. Gr.8	0,3765
Gr.7 vs. Gr.9	0,7119
Gr.8 vs. Gr.9	0,5518
Gr.10 vs. Gr.11	0,1290
Gr.10 vs. Gr.12	0,5462
Gr.11 vs. Gr.12	0,4269

Der Vergleich der Versuchsgruppe (GG1) mit der Kontrollgruppe (GG4) zeigte hochsignifikante Unterschiede (p-Wert <0.0001). Die wachen Tiere hatten einen wesentlich höhere Scoresumme als die betäubten Tiere. Das heißt, dass sie mehr und lauter schrieen und mehr Bewegungen zeigten. Ebenso hochsignifikant war der Unterschied zwischen den CO_2-Gruppen (GG 1 und 2) sowie den unbetäubten Gruppen (GG 3 und 4) mit ebenfalls einem p-Wert <0,0001 im Wilcoxontest. Die Kastrationsgruppen lagen hier, wie zu erwarten, deutlich über denen, die nur fixiert wurden. Kein signifikanter Unterschied war zwischen den beiden Scheingruppen (GG 2 und 3) feststellbar (p=0,1020) (Abb. 21).

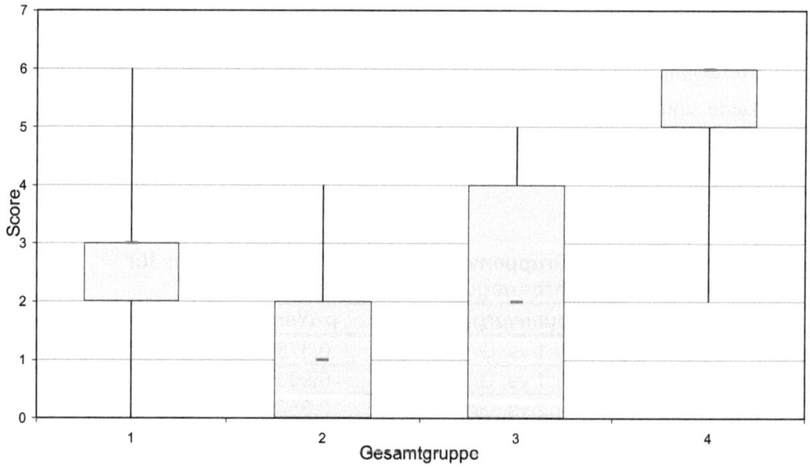

Abbildung 21: Boxplot der Summenscores der GG für Laute und Abwehrbewegungen

4.1.6.2 Schmerzreaktionen

Die Scorewerte der Schmerzreaktionen waren alle nicht normal verteilt.

Der Vergleich innerhalb der CO_2-Versuchsgruppe zeigte signifikant niedrigere Werte (p=0,0078) für die Gruppe 2 gegenüber Gruppe 1. Gruppe 3 war weder von Gruppe 2, noch von Gruppe 1 signifikant verschieden.

Dagegen zeigte der Vergleich zwischen den Kontrolltiergruppen keine signifikanten Unterschiede. Der Median dieser drei Gruppen lag konstant beim Höchstscore 12 (Quartile der Gr.10: 12-12, Quartile der Gr.11: 11-12, Quartile der Gr.12: 12-12) (Abb. 22).

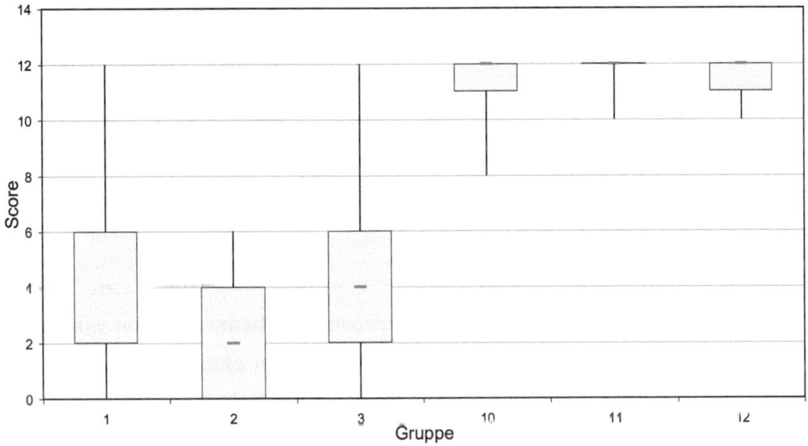

Abbildung 22: Boxplot der Scorewerte der Gruppen für Schmerzreaktionen bei der Kastration

Der Vergleich der zusammengefassten Kontrollgruppe (GG4) mit der Versuchsgruppe (GG1) zeigte hochsignifikante Unterschiede ($p<0,0001$).

4.1.6.3 Kreislauf

Bei der Entnahme der nicht kastrierten Kontrolltiere aus dem Gerät zeigten diese nur eine geringe Erhöhung des Kreislaufscores, welcher auf einen leichten Anstieg von Puls- und Atemfrequenz zurückzuführen war. Unbetäubt kastrierte Ferkel zeigten dagegen eine stärkere Zunahme dieser Parameter und somit auch einen höheren

Scorewert. Der Zustand der Mehrzahl der Tiere, die mit CO_2 betäubt wurden, war deutlich schlechter als der beider unbetäubten Gruppen. Diese Tiere zeigten eine zunächst erniedrigte, dann stark erhöhte Herz- und Atemfrequenz. Viele Ferkel hatten bei der Entnahme aus dem Gerät Maul- und Schnappatmung. Bei einigen Tieren war die Haut blass bis gräulich-bläulich verfärbt (Abb.21). Gelegentlich traten auch Exzitationen auf.

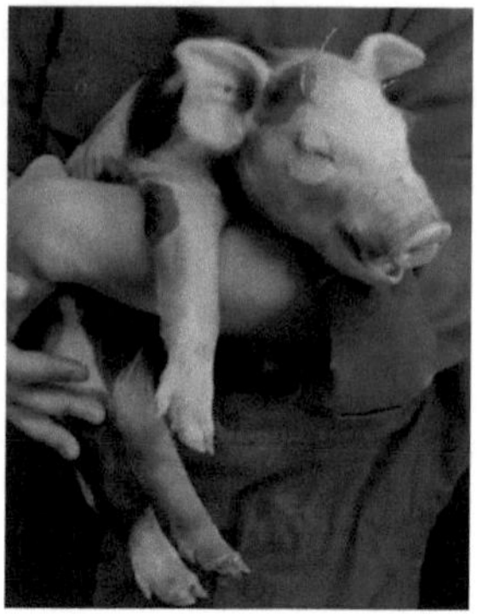

Abbildung 23: Ferkel nach CO_2-Betäubung

Der Score, der zur Beurteilung des Kreislaufzustandes heran gezogen wurde, war fast nie normal verteilt (außer Gruppe 5). Zwischen den einzelnen Gruppen einer Gesamtgruppe konnten keine signifikanten Unterschiede festgestellt werden ($p>0{,}05$) (Tab. 16).

Tabelle 16: p-Werte des Gruppenvergleichs der Bewertungsscores für den Herz- Kreislaufzustand und die Atmung

Gruppenvergleich	p-Werte im Wilcoxontest
Gr.1 vs. Gr.2	0,7904
Gr.1 vs. Gr.3	0,5410
Gr.2 vs. Gr.3	0,3377
Gr.4 vs. Gr.5	0,2115
Gr.4 vs. Gr.6	0,8874
Gr.5 vs. Gr.6	0,1842
Gr.7 vs. Gr.8	0,1763
Gr.7 vs. Gr.9	0,0578
Gr.8 vs. Gr.9	0,4879
Gr.10 vs. Gr.11	0,6835
Gr.10 vs. Gr.12	0,3853
Gr.11 vs. Gr.12	0,3566

Im Gesamtgruppenvergleich zeigten sich keine signifikanten Unterschiede zwischen den Gesamtgruppen 1 und 2 (CO_2-Betäubung mit und ohne Kastration). Die Tiere dieser Gruppen waren dementsprechend gleich stark belastet. Dagegen bestanden signifikante Unterschiede zwischen GG3 und GG4 (ohne Betäubung mit und ohne Kastration). Der Kreislauf der kastrierten Tiere war in signifikant schlechterem Zustand als der der unkastrierten Ferkel (höherer Kreislaufscore). Hochsignifikante Unterschiede waren beim Vergleich der Gesamtgruppen gleicher Manipulation mit oder ohne Betäubung zu beobachten. CO_2-betäubte Tiere wiesen einen wesentlich höheren Kreislauf-Score auf als die nicht betäubten Tiere und waren somit deutlich mehr belastet. Sowohl beim Vergleich der beiden Scheingruppen (GG2 und 3) als auch bei den Kastrationsgruppen (GG1 und 4) war dies der Fall (p jeweils <0,0001) (Tab. 17).

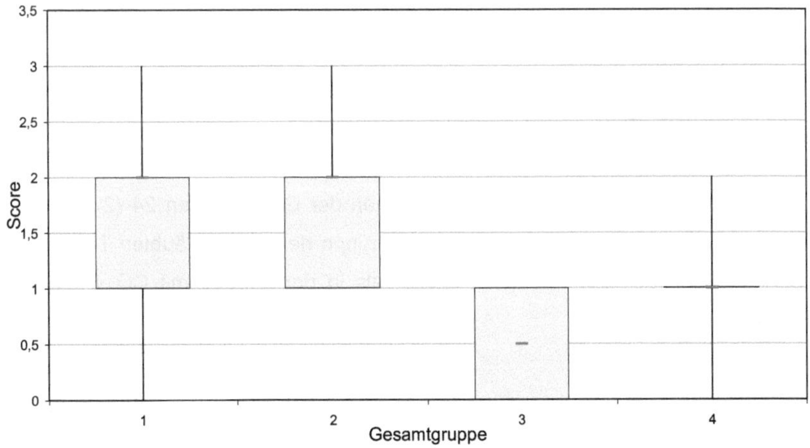

Abbildung 24: Boxplot der Bewertungsscores der GG für den Herz-Kreislaufzustand und die Atmung

Tabelle 17: p-Werte des GG-Vergleichs der Bewertungsscores für den Herz-Kreislaufzustand und die Atmung

Gesamtgruppenvergleich	p-Werte im Wilcoxontest
GG1 vs. GG2	0,8649
GG2 vs. GG3	<0,0001
GG3 vs. GG4	0,0025
GG1 vs. GG4	<0,0001

4.1.7 Wundkontrollen

Der Vergleich der ersten Wundkontrollen lieferte keine signifikanten Unterschiede zwischen den Gruppen einer Gesamtgruppe, mit Ausnahme des Vergleichs der Gruppen 11 und 12. Die Scorewerte der Gruppe 11 (Mittelwert 29,3 ± 6,34) lagen signifikant über denen der Gruppe 12 (Mittelwert 23,2 ± 3,36). Bei der zweiten Wundkontrolle hatte sich dieser Unterschied ausgeglichen. Hier waren die Werte sogar identisch (p=1). Die anderen Gruppenvergleiche ergaben ebenfalls keine signifikanten Unterschiede. Auch die dritte Wundkontrolle führte zu nicht signifikant unterschiedlichen Ergebnissen innerhalb einer Gesamtgruppe.

Beim Vergleich der Scorewerte der Gesamtgruppen 1 und 4 (Kastrationsgruppen mit und ohne CO_2-Betäubung) mittels Wilcoxontest zeigten sich signifikante Unterschiede bei der ersten Wundkontrolle (p=0,0017). Die Scorewerte der GG1 (Median 30 (26-35)) lagen deutlich über denen der GG4 (Median 24 (22-30)). Der Zustand der Wunden war demnach in der Gruppe der nicht betäubten Tiere in der ersten Woche nach der Kastration besser als in der Gruppe mit CO_2-Betäubung (Abb. 25).

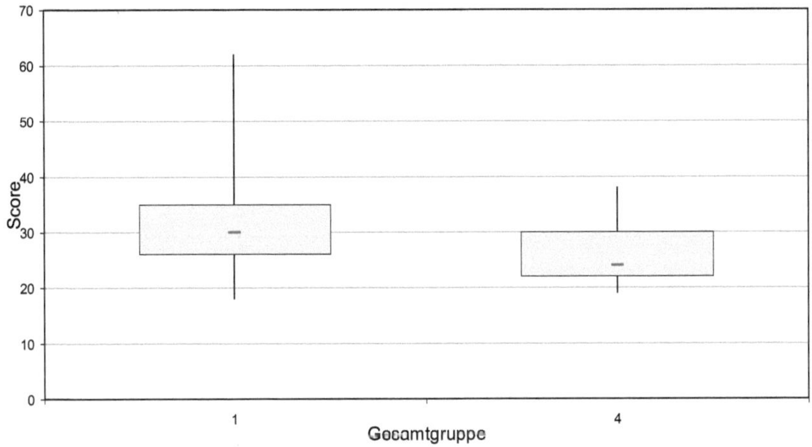

Abbildung 25: Boxplot der Wundheilungsscores der GG bei der ersten Wundkontrolle

Die Ergebnisse der zweiten und dritten Wundkontrolle unterschieden sich nicht mehr signifikant voneinander.

Um die Verbesserung des Wundzustandes und somit die Wundheilung beurteilen zu können, wurden die Veränderungen der Scorewerte zwischen den einzelnen Kontrollen (zweite im Vergleich zur ersten Woche = Score 2 – Score1, dritte im Vergleich zur zweiten Woche = Score3 – Score2) verglichen.

Bei dem Vergleich der Differenzen zwischen Score2 und Score1 ergaben sich hochsignifikante Unterschiede bei der Verbesserung des Wundzustandes von der ersten zur zweiten Kontrolle ($p<0,0006$). Die Differenzen der GG1 lagen weiter im negativen Bereich als die der GG4. Das bedeutet, dass die Wundheilung der GG1 besser verlief als bei der GG4 (Tab. 18, Abb. 26).

Tabelle 18: Lagemaße der Differenzen der Wundheilungsscores der GG zwischen erster und zweiter Wundkontrolle

Gesamtgruppe	Minimum	25%-Quartil	Median	75%-Quartil	Maximum
1	-28	-11,5	-8	-5	11
4	-20	-6	-4	-2	12

Abbildung 26: Boxplot der Differenzen der Wundheilungsscores der GG zwischen erster und zweiter Wundkontrolle

Beim Vergleich der Wundheilung von der zweiten zur dritten Woche hatten sich die Heilungstendenzen angeglichen und zeigten keine signifikanten Unterschiede mehr (p=0,3174).

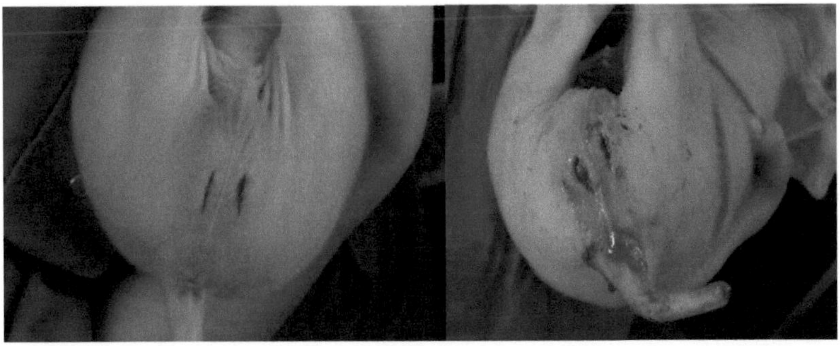

Abbildung 27: Links: primäre Wundheilung mit geringgradiger Schorfbildung; rechts: Abszessbildung mit klaffendem Wundspalt bei Ferkel mit Diarrhoe

4.1.8 Verluste

Bei den insgesamt 162 Tieren in den vier Gesamtgruppen gab es zusammen zehn Verluste innerhalb von drei Wochen nach dem Eingriff bis zum Absetzen. Im direkten Zusammenhang mit der Kastration und/oder der Betäubung traten keine Todesfälle auf. Fünf der Todesfälle waren Folge Erdrückens durch die Sau. Zwei Tiere wurden aufgrund ihrer Lebensschwäche euthanasiert. Keiner der Fälle schien ursächlich direkt mit der Kastration oder Betäubung in Verbindung zu stehen.

Innerhalb der Gesamtgruppen gab es keine signifikanten Unterschiede zwischen den Gruppen. Die Gesamtgruppen konnten daher direkt verglichen werden.

Alle Verluste traten in den Gesamtgruppen 1 und 2 auf, also in den Gruppen, die mit CO_2 betäubt wurden. Trotzdem ließen sich beim Vergleich der Gesamtgruppen keine signifikanten Unterschiede im Fisher´s Exact Test feststellen. Die GG 1 und 2 waren hierbei identisch (p=1). Auch bei den Gesamtgruppen 3 und 4 war dies der Fall, da hier alle Tiere überlebt haben.

Fasste man allerdings alle Tiere, die mit CO_2 betäubt wurden, zu einer Gruppe zusammen, und alle Ferkel, die nicht betäubt wurden, zu einer zweiten, so kamen in der CO_2-betäubten Gruppe sowohl im Chi-Quadrat-Test als auch im Fisher´s Exact Test signifikant mehr Verluste vor, als in der unbetäubten Gruppe.

5 Diskussion

5.1 *Kritik der angewandten Methoden*

5.1.1 EEG

Die starken Abwehrreaktionen der Ferkel beim Handling und der Kastration einerseits, wie auch bei der Insufflation mit dem CO_2/O_2-Gemisch und die einsetzenden starken Atemartefakte und Exzitationen andererseits machten eine computergestützte automatisierte Quantifizierung mittels Spektralanalyse unmöglich. Demnach blieb nur noch die Möglichkeit einer optischen Auswertung des Roh-EEG-Signals. Diese Einteilung mittels eines festgelegten Scores in Rangklassen ließ eine Semiquantifizierung zu. Allerdings konnten subjektive Einflüsse aufgrund der Bewertungsform nicht vollkommen ausgeschlossen werden. Durch die immer gleich bleibende Person zur Beurteilung wurden Unsicherheiten minimiert. Auch ist es möglich, dass durch die Auswertbarkeit der EEGs eine gewisse Vorauswahl stattfand, da die Hirnströme besonders wacher Tiere durch starke Abwehrbewegungen unauswertbar wurden.

5.1.2 EEG-Artefakte

Die Beurteilung der Dauer der Störung der Hirnstromlinie durch Bewegungsartefakte war eine einfache, aber effektive Methode, die Stärke der Abwehr des Versuchstieres zu quantifizieren. Allerdings konnte dabei nicht endgültig entschieden werden, ob die Bewegungen, die den Artefakten vorausgingen, bewusst ausgeführt wurden oder einem nicht bewusst erlebten Reflex oder einer Exzitation entsprachen. Es ließ sich nur vermuten, dass Artefakte, deren Dauer zwei Sekunden überschritten, willkürlich und nicht reflektorisch ausgeführt wurden. Bei zukünftigen

Untersuchungen sollte daher eine Reflexprüfung stattfinden, um den Bewusstseinszustand der Ferkel besser beurteilen zu können.
Auch bei diesem Parameter ließ sich eine gewisse Subjektivität durch die Beurteilungsform nicht ausschließen. Auch die möglicherweise stattgefundene Selektion durch Ausschluss nicht auswertbarer EEGs schränkte die Aussagekraft der Ergebnisse in gewissem Maße ein.

5.1.3 EKG-Frequenzen

Die Kontraktilität des Herzens ist eine wesentliche Vitalfunktion des Organismus. Gesteuert durch das vegetative Nervensystem und hormonelle Regulation, spiegelt die Herzfrequenz den Zustand des Kreislaufs wieder. Die Ruhefrequenz für ein Saugferkel wird von HEINRITZI, K. (2006) mit 120 bis 200 Schlägen pro Minute angegeben. Eine Tachykardie kann ihre Ursache neben der kompensatorischen Funktion des Ausgleichs einer Hypotonie des Blutdrucks auch durch eine Steigerung des Sympathikustonus und/oder Ausschüttung von Katecholaminen aufgrund von Stresszuständen, wie Angst oder Schmerz, hervorgerufen werden. Die Herzfrequenz wird zur Erkennung von Schmerzzuständen bei Tieren, die sich nicht verbalisieren können, herangezogen (SAGER 1993). Somit lässt sich auch die Steigerung der Herzfrequenzen bei den nicht betäubt kastrierten Tieren gegenüber der nicht betäubten Gesamtgruppe, die nicht kastriert wurde, erklären. Die Herzfrequenzbestimmung ist folglich eine effektive Methode der Schmerzerkennung und der Beurteilung der Vitalfunktionen der Ferkel. Zudem ist ihre Bestimmung durch EKG-Messung auch beim wenig kooperativen Schwein eine einfach durchzuführende und deutliche Ergebnisse liefernde Methode.

5.1.4 EKG-Arrhythmien

Das Auftreten von Herzarrhythmien ist eine typische Erscheinung bei der Betäubung mit CO_2.

Die Bestimmung der Anzahl an Arrhythmien in einem vorgegebenen Zeitfenster der EKG-Aufzeichnungen war ebenfalls eine einfach durchzuführende Methode. Zur Beurteilung der Auswirkung der CO_2-Insufflation auf die Herztätigkeit und die Erhaltung vegetativer Funktionen konnte diese einfache Quantifizierung bedeutsame und eindrucksvolle Ergebnisse liefern.

5.1.5 Sauerstoffsättigung

Mit dem in diesem Versuch verwendeten Gerät war eine regelmäßige zuverlässige Aussage über die Höhe der Sauerstoffsättigung während der CO_2-Betäubung nicht möglich. Das Pulsoxymeter konnte während der Phasen starker Bradykardie und unregelmäßiger Herzrhythmik keine Messungen durchführen. Möglicherweise spielte auch das Absinken des Blutdrucks eine Rolle. Das Wiedererlangen der Messbarkeit innerhalb einer Minute nach dem Ende der Betäubung zeigte allerdings, wie schnell die Normalisierung der Herztätigkeit einsetzte. Danach war die Messung wieder vollständig möglich.

5.1.6 Puls

Obwohl die Ergebnisse dieser Messgröße wiederum durch die Messunfähigkeit des Pulsoxymeters während der Bradykardie-Phase eingeschränkt zu betrachten waren, lieferten sie doch wichtige Erkenntnisse für die Beurteilung der Betäubung. Die Messung war am ruhigen Tier relativ einfach durchzuführen, obwohl der Sensor des Pulsoxymeters sich als nicht sehr geeignet für die Messung bei Ferkeln erwies. Während willkürlicher Bewegungen oder bei Exzitationen war eine Messung schwer oder gar nicht möglich. Sensoren, die der Anatomie einer Ferkelgliedmaße angepasst wären, würden die Messmethode wesentlich erleichtern.

5.1.7 Verhaltensbeobachtungen

Wie alle Scorewerte war der Scorewert für Verhaltensbeobachtungen eine subjektive Bewertung. Obwohl diese Unsicherheit dadurch minimiert wurde, dass immer die zwei gleichen Personen diese Bewertung durchführten, bot dieser Wert nur einen Anhaltspunkt zur Orientierung. Um Tendenzen zu erfassen, war er gut geeignet und konnte einfach durchgeführt werden. Trotz dieser Ungenauigkeiten zeigten sich deutliche Unterschiede beim Vergleich der Gesamtgruppen.

5.1.8 Schmerzreaktionen und Kreislaufbeobachtungen

Für die Bewertung der Reaktionen auf die einzelnen Schritte der Kastration und des Kreislaufsystems galt das gleiche bezüglich der Subjektivität, wie bei den Verhaltensbeobachtungen. Auch hier gab der Score eine richtungweisende Tendenz an. Leider konnten bei der Beurteilung der Schmerzreaktionen Überschneidungen mit der Bewertung der Verhaltensweisen nicht verhindert werden. Lautes Schreien konnte z. B. eine Reaktion auf die Emaskulation sein, aber so lange dauern, dass sie die allgemeinen Lautäußerungen beeinflussten.

5.1.9 Wundheilung

Die Tatsache, dass die hier durchgeführten Beurteilungen jeweils die Befunde aus einem Zeitraum und nicht eines bestimmten Tages (z. B. 7., 14. und 21. Tag nach Kastration) darstellen, birgt Unsicherheiten, die sich jedoch nicht umgehen ließen. Trotzdem zeigten die Ergebnisse eindeutige Tendenzen bei der Gesamtgruppenbetrachtung. Die Berechnung der Differenzen war eine Möglichkeit, Verbesserungen oder Verschlechterungen in der Wundheilung von einer Kontrolle zur nächsten festzustellen.

5.1.10 Verluste

Die Anzahl der Ferkelverluste war eine quantitativ gut zu bestimmende Maßzahl. Allerdings sind ihre Ursachen vielfältig. Wie oben beschrieben, konnten die Verluste in erdrückte, euthanasierte und verendete Tiere unterteilt werden. Die Tatsache, dass die Ferkel erst zu der Sau zurückgesetzt wurden, wenn sie wieder steh- und gehfähig waren, ließ die Annahme zu, dass der Nachschlaf als Ursache für Erdrücken keine Rolle spielte.

5.2 Beurteilung der Ergebnisse

5.2.1 EEG

Die statistisch signifikanten Unterschiede zwischen den Gruppen 1 und 2 und den Gruppen 1 und 3 jeweils zum Zeitpunkt X2 konnten in Bezug zu ihrer Relevanz vernachlässigt werden, wenn man bedenkt, dass eine Veränderung des EEG-Scores von 0 (wach) nach 1 (leicht sediert) beim Saugferkel auch im physiologischen Wachzustand als Besonderheit des neonatalen EEGs auftritt.

Abgesehen von den genannten Gruppen ließen sich signifikante Unterschiede innerhalb der Gesamtgruppen nicht nachweisen. Daher konnte ein Einfluss der Applikation von NSAIDs auf die Tiefe der Betäubung nicht bestätigt werden.

Die EEGs der Tiere, die nicht betäubt wurden, entsprachen, wie zu erwarten, eindeutig denen wacher Tiere. Anders sah es bei den CO_2-betäubten Tieren aus. Bei diesen trat häufig eine leichte Suppression der EEG-Amplituden mit geringgradiger Verlangsamung der Frequenzen auf (Abb.9). Tiefere Stadien wurden nur sehr selten erreicht. Gleiches zeigte der Vergleich der beiden Scheingruppen (GG2 und 3) miteinander. Der Vergleich der GG1 mit der GG2 (jeweils CO_2-betäubt mit bzw. ohne Kastration) und der GG3 mit der GG4 (jeweils ohne Betäubung mit bzw. ohne Kastration) zeigte, dass der chirurgische Eingriff keinen Einfluss auf die EEG-Frequenz hatte. Bei den ohnehin wachen Tieren der GG3 und 4 ließ sich auch durch einen schmerzhaften Stimulus das EEG nicht weiter in Richtung einer Beschleunigung der Wellenfrequenz verändern. Nach Abklingen der Phase der Artefaktebildung, hervorgerufen durch Abwehrbewegungen, zeigten die EEGs wieder für wache Ferkel typische Wellenfrequenzen. Anders wäre es bei den CO_2-insufflierten Tieren zu erwarten gewesen. Schmerzhafte Stimuli führen im Allgemeinen zu einer Weckreaktion (FRANK 2001). Eine solche Desynchronisation ließ sich bei den kastrierten Ferkeln nicht erkennen. Möglicherweise war der Betäubungszustand auch vor dem Eingriff nicht tief genug, um eine entsprechende Reaktion deutlich erkennbar werden zu lassen.

Scorewerte von 0-2 können für eine operationsfähige Narkose als nicht ausreichend betrachtet werden. Sie entsprechen dem EEG-Muster des Wachseins bis zu einer beginnenden Anästhesie. Weder das Stadium der Analgesie noch der Exzitation nach GUEDEL (1944) konnte hierbei als erreicht angesehen werden. Die EEG-Wellen zeigten hier noch eine recht hohe Frequenz, auch wenn die Amplituden teilweise erniedrigt waren. Bei einzelnen Probanden trat auch der Scorewert 5 auf. Dieser entsprach einer zu geringen Gehirnaktivität. Sie war gekennzeichnet durch überwiegende Isoelektrizität, die nur sehr selten von sehr flachen Burst Suppressions unterbrochen wurde.

Die Narkosestadien, wie GUEDEL sie bereits 1944 beschrieb, konnten in diesen Untersuchungen nicht auf die Betäubung durch CO_2 angewandt werden. LOMHOLT (1983) sowie LAUER (1994) und ERHARDT et al. (1989) beschrieben zwar das Erregungsstadium der CO_2-Einleitungsphase als Exzitationsstadium sowie die Betäubung durch CO_2 als vollwertige Allgemeinanästhesie, allerdings widersprachen die eigenen Ergebnisse dieser These. Weder konnten bis zum Einsetzen der Erregungen EEG-Veränderungen in Form eines Narkosebeginns nachgewiesen werden, noch zeigten die Tiere im Anschluss daran ein Toleranzstadium mit seinen typischen EEG-Kennzeichen. Typischerweise sollten im Toleranzstadium (entspricht dem Stadium III nach GUEDEL) überwiegend δ-Wellen („slow waves“) im Roh-EEG auftreten, was in dieser Arbeit einem EEG-Score von 3 entsprechen würde. Stattdessen wurde dieses Stadium übersprungen und die Tiere erreichten gleich sehr tiefe Stadien von sehr geringer Gehirnaktivität. Fehlendes Auftreten von „slow

waves“ wurde auch von RAJ et al. (1997) beobachtet. Demnach konnten die Narkosestadien nach GUEDEL nicht auf die CO_2-Narkose übertragen und das Auftreten von Erregungen nicht mit dem Exzitationsstadium gleichgesetzt werden.
RAJ et al. (1997) sahen die Ursache der kortikalen Aktivität, die sich in den hohen Frequenzen mit niedrigen Amplituden zeigt, in einer Aktivierung subkortikaler Zentren, die die Synchronisation der elektrischen Aktivität unterdrücken. Bis zum Auftreten isoelektrischer Sequenzen zeigten laut RAJ et al. einige Tiere aber noch Reaktionen auf Schmerzreize.
Das elektroenzephalographische Bild entsprach nicht dem einer Narkose im eigentlichen Sinn. Zwar zeigte sich in den sehr seltenen sehr tiefen EEG-Stadien eine Reaktionslosigkeit der Gehirnaktivität auf chirurgische Stimuli, diese wurde aber offensichtlich durch eine allgemeine Leitungsunfähigkeit der Nervenbahnen hervorgerufen, nicht aber durch ein Analgesiestadium. Diese Leitungsunfähigkeit wird durch eine intrazerebrale pH-Wert-Senkung bedingt (MARTOFT 2003).
Die von GERRITZEN et al. (2008) beschriebene Verlangsamung der EEG-Frequenzen konnte somit zwar bestätigt werden, allerdings nicht in dem Maße, das für eine ausreichende Narkosetiefe sprechen würde. Phasen zunehmender θ- und δ-Tätigkeit als Indikator einer einsetzenden Narkose traten im Gegensatz zu den Ergebnissen von GERRITZEN et al. nicht auf. Lediglich die auf diese Phase folgende Suppression sämtlicher Hirntätigkeit konnte hier bei einzelnen Tieren beobachtet werden. Möglicherweise sind diese unterschiedlichen Ergebnisse darauf zurückzuführen, dass die Ferkel bei GERRITZEN et al. in eine mit dem Gasgemisch geflutete Box gesetzt wurden; die CO_2-Konzentration demnach annähernd konstant war. In der vorliegenden Arbeit wurden dagegen die Tiere mittels eines Inhalationsapparates insuffliert, bei dem das Gas über ein Schlauchsystem in eine Atemmaske gelangte. Diese wurde zumeist nicht von dem Ferkelkörper gegenüber der Außenluft abgeschlossen, so dass möglicherweise ein Verdünnungseffekt auftrat.

5.2.2 EEG-Artefakte

Der Gruppen-Vergleich innerhalb der Versuchsgruppe (Gesamtgruppe1) wie auch innerhalb der Kontrollgruppe (Gesamtgruppe 4) ließ den Schluss zu, dass die Applikation von Finadyne keinen Einfluss auf die im EEG sichtbar werdenden Abwehrbewegungen der Tiere hatte.

Die Artefaktescores zeigten deutlich stärkere Bewegungen der CO_2-betäubten Tiere als der unbetäubten Tiere an. Das entsprach auch den Beobachtungen während des Versuchsablaufs. Verursacht wurden diese Artefakte neben der eigentlichen Schmerzreaktion auch durch unwillkürliche Bewegungen, wie Atembewegungen und Exzitationen. Die Scheingruppen wurden nicht bewertet, da bei diesen Gruppen keine Kastration stattfand.

5.2.3 EKG-Frequenzen

Die Unterschiede zwischen den Gruppen 2 (Finadyne-Applikation 60 Minuten vor dem Eingriff) und 3 (keine Finadyne-Applikation) bezüglich ihrer EKG-Frequenzen zu den Zeitpunkten X2 und X4 wiesen keinerlei Regelmäßigkeit auf. Der Einfluss von NSAIDs auf diesen Parameter bleibt somit fraglich.

Deutlich dagegen zeigte sich der Einfluss von Kastration und CO_2-Betäubung in den Vergleichen der Gesamtgruppen. Die neurohormonelle Antwort auf Schmerzen und Stress durch die Kastration äußert sich unter anderem in der Steigerung der Herzfrequenz (SAGER 1993). Dadurch erklärte sich die Frequenzsteigerung bei den nicht betäubt kastrierten Tieren gegenüber ihren nicht betäubten Artgenossen, die nicht kastriert wurden. Zu den Zeitpunkten X3 und X4, also während und nach der Kastration zeigten sie eine deutliche Steigerung der Herzfrequenz als Ausdruck schmerzhaften Empfindens.

Anders verhielt es sich bei den CO_2-betäubten Tieren. Ob sie kastriert wurden oder nicht, hatte keinen Einfluss auf ihre Herzfrequenzen. Insgesamt gesehen zeigte sich bei ihnen allerdings eine deutlich Bradykardie. Bei einigen Tieren näherte sich ihre Herzfrequenz dem Nullwert (Minimalwerte der GG1 und 2 zum Zeitpunkt X3: 12 bzw.

24 Schläge pro Minute, zum Zeitpunkt X4: 24 bzw. 24 Schläge pro Minute). Zu entsprechenden Ergebnissen bei gleicher CO_2/O_2-Konzentration kamen GERRITZEN et al. (2008). Ausgelöst wurde dieser Effekt vermutlich durch die fortschreitende Inaktivierung entsprechender Hirnregionen durch zunehmendes Absinken des pH-Wertes im Liqour zerebrospinalis. GERRITZEN et al. sprachen von einer fortschreitenden Depression der Gehirnaktivität vom Telenzephalon über das Dienzephalon zum Mesenzephalon. Demnach musste eine bis in die Formatio retikularis fortgeschrittene pH-Wert-Absenkung die Ursache der Bradykardie sein. Trotz dieser Effekte traten unter der Betäubung keine Verluste auf; alle Tiere erreichten nach einigen Minuten wieder physiologische Herzfrequenzen. Dennoch bestätigten die Ergebnisse die Ansicht von GERRITZEN et al. (2008), die das Verhindern von Todesfällen bei flächendeckendem Einsatz der CO_2-Betäubung kritisch betrachteten. Deren Ergebnisse zeigten, dass bei Verlängerung der Insufflation auf zwei Minuten bereits Todesfälle auftraten. Fraglich bleibt, wie schwerere Ferkel im landwirtschaftlichen Betrieb ausreichend betäubt würden. Eine zweite Betätigung des Startknopfes wäre vermutlich eine in der Praxis angewandte Methode, die allerdings eine enorme Erhöhung des Verlustrisikos mit sich brächte.

Zudem zeigte sich regelmäßig bei CO_2-betäubten Tieren ein zusätzlicher pathologischer Befund in Form der Veränderung der T-Welle des EKGs. Die Amplitude der T-Welle, welche die Repolarisation des Kammermyokards darstellt, ist physiologischerweise niedrig mit sowohl positivem als auch negativem Ausschlag (MARTIN 2001). Bei den in diesem Versuch betäubten Ferkeln war sie regelmäßig positiv mit hoher Amplitude. Häufige Ursachen für ein solches Erscheinungsbild sind beim Kleintier eine Hyperkaliämie oder Hypoxie des Myokards. Bei Hunden und Katzen hat eine Hyperkaliämie laut SCHAER (1995) eine spitze Erhöhung oder aber Erniedrigung der T-Welle zur Folge. MARTOFT et al. (2003) konnten nach einer einminütigen Insufflation von Schweinen mit 90% CO_2 und 10% Raumluft einen Abfall des arteriellen pH-Wertes von 7,57 (±0,02) auf 6,78 (±0,02) feststellen. Bei GERRRITZEN et al. (2008) sank der venöse pH-Wert nach 70%iger CO2-Insufflation von 7,4 auf 7,1. Eine solche Azidose hat eine Verschiebung von Kalium vom

Intrazellular- zum Extrazellularraum im Austausch mit Protonen zur Folge (SCHAER 1995).
ZIDEK (1994) bezeichnet die durch eine Hyperkaliämie hervorgerufenen kardialen Symptome bei Kalium-Serumspiegeln ab 7 mmol/ml beim Menschen als lebensgefährlich.

5.2.4 EKG-Arrhythmien

Die statistischen Vergleiche zeigten eine deutliche Zunahme an Arrhythmien durch die Insufflation mit CO_2. Vermutlich war das Auftreten von Arrhythmien durch eine zunehmende Hyperkapnie bedingt. Von einer entsprechenden Wirkung bei einer respiratorischen Azidose wird beim Pferd berichtet (GASTHUYS u. DE MOOR 2006). Beim Kalb kommt es bei einer Hyperkapnie zu einer systemischen Vasodilatation, der der Organismus durch vermehrte Abgabe von Katecholaminen entgegen steuert. Das wiederum kann Herzrhythmusstörungen verursachen (BERCHTOLD 1998). Ein enormer Anstieg der Katecholamine Adrenalin und Noradrenalin konnte bereits nachgewiesen werden (HEINRITZI u. MÜHLBAUER 2009). Zwischen den CO_2-Gesamtgruppen (mit und ohne Kastration) konnten keine signifikanten Unterschiede festgestellt werden. Demnach hatte der chirurgische Eingriff keinen Einfluss auf das Auftreten von Arrhythmien.
Die Auslösbarkeit von Herzrhythmusstörungen durch CO_2-Insufflation macht den flächendeckenden Einsatz von CO_2 für die routinemäßige Kastration von Saugferkeln überaus bedenklich.

5.2.5 Sauerstoffsättigung

Die gemessenen Werte bewegten sich zu jeder Zeit in physiologischen Bereichen. Allerdings mussten die Messungen mit der Einschränkung betrachtet werden, dass mit dem Pulsoxymeter während der Phase starker Bradykardie eine Messung nicht

möglich war. Dennoch ließen sich aus den gewonnenen Ergebnissen einige Schlüsse ziehen.
Da die Werte Proz_SpO_2 mit Ausnahme der Gruppe 12 (-0,5%) für alle Gruppen im positiven Bereich lagen, kam es tendenziell eher zu einer Verbesserung der Sauerstoffsättigung des Blutes.
Der Vergleich der Gruppen innerhalb einer Gesamtgruppe ergab keine signifikanten Unterschiede. Demnach hatte die Applikation von Flunixin keinen Einfluss auf die Sauerstoffsättigung des Blutes.
Auch zwischen den Gesamtgruppen ließen sich keine signifikanten Unterschiede nachweisen. Diese Ergebnisse ließen zunächst die Vermutung zu, dass die Inhalation von CO_2 gemischt mit 30% O_2 keine Verschlechterung der Sauerstoffsättigung des Blutes zur Folge hatte. Allerdings sank während der CO_2-Insufflation die Herzfrequenz enorm (bis auf 20 Schläge pro Minute) und das Pulsoxymeter war nicht in der Lage, eine Messung durchzuführen. Die Messergebnisse bezogen sich demnach auf den Zeitpunkt, an dem sich die Herzfrequenz wieder annähernd normalisiert hatte.
Letztendlich ließ sich nur die Aussage treffen, dass eine länger andauernde Beeinträchtigung der Sauerstoffversorgung nicht gegeben war. Das widersprach der O_2-Mangel-Hypothese von HOENDERKEN et al. (1979) und bestätigte die Vermutung LOMHOLTs (1982), dass CO_2 nicht durch einen hypoxischen Effekt, sondern durch eine Hyperkapnie mit Azidose zum Bewusstseinsverlust führte. Offen blieb bei dieser Messmethode jedoch, wie sich der Sauerstoffpartialdruck in der Phase der Bradykardie verhielt.

5.2.6 Puls

Trotz der oben beschriebenen Einschränkungen der Messmethode lieferte die Pulsfrequenzbestimmung mittels Pulsoxymeter interessante und wichtige Ergebnisse. Wie die statistische Auswertung zeigte, konnte ein Einfluss der Applikation von Flunixin auf die Veränderung des Pulses nicht nachgewiesen werden.

Der Gesamtgruppenvergleich zeigte dagegen große Unterschiede zwischen den Frequenzänderungen betäubter und unbetäubter Ferkel. Während die CO_2-Gruppen (GG1 und 2) Verringerungen des Pulsschlags durch die Insufflation zeigten, konnten bei den unbetäubten Tieren (GG3 und 4) Zunahmen der Pulsfrequenz verzeichnet werden. Diese Zunahmen waren durch die oben beschriebene Aktivierung des Sympathikus zu begründen (SAGER 1993). HEINRITZI u. MÜHLBAUER (2009) zeigten, dass durch die Stressbelastung des Fixierens in der Halterung des Kastrationswagens ein Anstieg der Katecholamine Adrenalin und Noradrenalin ausgelöst wurde. Bei der Kastrationsgruppe kam neben der Stressbelastung noch eine schmerzinduzierte Aktivierung des Sympathikus hinzu. Eine weitere Steigerung der Herzfrequenz und somit der Pulsfrequenz waren die Folge. Das erklärte die signifikanten Unterschiede zwischen den Gesamtgruppen 3 (unbetäubte Scheingruppe) und 4 (unbetäubte Kastrationsgruppe).
Eindrucksvoll waren die Unterschiede der unbetäubten Gruppen zu den CO_2-insufflierten Versuchstieren. Bei den Scheingruppen lagen die Änderungen der Pulsfrequenz in der unbetäubten Gruppe signifikant über denen der CO_2-Tiere. Beim Vergleich beider Kastrationsgruppen ließen sich sogar hochsignifikante Unterschiede registrieren. Obwohl die Frequenzen der CO_2-Gruppen „nur" um ca.10% abnehmen, war zu bedenken, dass hier die Messung wiederum erst ca. eine Minute nach der Beendigung der Gasbetäubung möglich gewesen war, sich die Werte also bereits weitgehend normalisiert haben könnten. Unterschiede zwischen den kastrierten und den unkastrierten CO_2-Versuchsgruppen konnten nicht festgestellt werden. Demnach hatte die Kastration keinen Einfluss auf die Steigerung der Pulsfrequenz unter CO_2-Betäubung. Das konnte möglicherweise mit einem leichten analgetischen Effekt dieses Gases begründet werden. LOMHOLT (1983) sah die Anwendbarkeit der Narkosestadien nach GUEDEL (1944) auf die CO_2-Betäubung bestätigt und ging daher von einem ersten Stadium der Analgesie vor Beginn der Exzitationen aus. Andererseits könnte die Suppression der Herzfrequenz durch das CO_2 auch die Steigerung durch schmerzinduzierte Sympathikusaktivierung kompensiert haben. Insgesamt bestätigten die Ergebnisse der Pulsfrequenzmessung diejenigen der EKG-Aufzeichnungen.

5.2.7 Verhaltensbeobachtungen

Da die Gruppen keine signifikanten Unterschiede zeigten, konnte davon ausgegangen werden, dass die Flunixin-Applikation keinen Einfluss auf diesen Parameter hatte.

Der Vergleich der beiden Scheingruppen (GG2 vs. 3) lieferte keine signifikanten Unterschiede. Die Werte der unbetäubten Tiere lagen zwar geringgradig über denen der betäubten, statistisch war dieser Unterschied jedoch nicht auffällig. Die Ferkel lagen in diesen Gruppen insgesamt relativ ruhig in ihrer Halterung. Abwehrreaktionen auf den Beginn der Betäubung waren in GG2 meistens kurz zu beobachten. Gegenüber der entsprechenden Scheingruppe waren die Scoresummen der Kastrationsgruppen hochsignifikant erhöht. Durch die Kastration wurden die Bewegungen und Lautäußerungen sowohl mit als auch ohne Betäubung signifikant gesteigert. Diese Schmerzantwort zeigte, dass auch bei den CO_2-insufflierten Ferkeln der Eingriff deutlich wahrgenommen wurde, allerdings in geringerem Ausmaß als bei den unbetäubten Tieren, da die Verhaltensscores dieser Tiere hoch signifikant über denen der betäubten lagen. Das könnte mit der zuvor beschriebenen leichten Analgesiewirkung begründet werden, wie sie von LOMHOLT (1983) und LAUER et al. (1994) vertreten wurde. Ein vollständiger Bewusstseinsverlust der CO_2-insufflierten Tiere konnte allerdings aufgrund ihrer Verhaltensweisen nicht angenommen werden.

5.2.8 Schmerzreaktionen

Der Gruppenvergleich innerhalb der Gesamtgruppen lieferte uneinheitliche Ergebnisse. Der Einfluss von NSAIDs auf das akute Schmerzgeschehen blieb daher fraglich.

Deutlich dagegen war der Einfluss der CO_2-Betäubung auf die Schmerzreaktionen. Hochsignifikante Unterschiede zeigten sich beim Vergleich der Gesamtgruppen 1 und 4, bei denen die unbetäubten Ferkel stärker auf die chirurgischen Stimuli reagierten. Ob es zu einer tatsächlichen Schmerzreduktion in Anlehnung an das von LOMHOLT (1983) und LAUER et al. vertretene Analgesiestadium nach GUEDEL (1944) kommt, blieb offen. Möglich wäre auch eine gewisse Immobilisation, da es nicht nur im ZNS, sondern im gesamten Organismus zu einer Azidose mit nachfolgender Erhöhung der Reizschwelle aller Nervenfasern kommt.

5.2.9 Kreislaufbeobachtungen

Auch hier ließ sich ein Einfluss des applizierten NSAIDs nicht nachweisen.
Die hochsignifikant höheren Kreislaufbewertungen der CO_2-Gruppen (GG1 und 2) gegenüber ihren entsprechenden unbetäubten Gruppen (GG3 und 4) zeigten einen negativen Einfluss der Gasinhalation auf den Allgemeinzustand der Ferkel. Fast alle betäubten Ferkel zeigten nach Entnahme aus dem Gerät eine erhöhte Atemfrequenz, eine zunächst erniedrigte und dann erhöhte Herzfrequenz und Maulatmung. Bei einigen Tieren war die Atmung auf unregelmäßige Schnappatmung reduziert. Häufig waren die Ferkel blass, einige hatten sogar eine gräulich-bläuliche Hautfarbe. Diese war vermutlich auf die verringerte Durchblutung von Gewebe aufgrund der stark reduzierten Herzschlagfrequenz zurückzuführen.
Zwischen den beiden CO_2-Gruppen (mit und ohne Kastration) ließen sich statistisch keine signifikanten Unterschiede feststellen. Dahingegen hatten die kastrierten Ferkel der GG4 eine signifikant höhere Kreislaufbelastung als die unkastrierten Tiere der GG3. Diese wurde durch die schmerzinduzierte Sympathikusaktivierung mit Erhöhung der Atem- und Herzfrequenz bedingt (SAGER 1993).

5.2.10 Wundheilung

Der Vergleich der Gesamtgruppen 1 und 4 lieferte deutliche Unterschiede zum ersten Kontrollzeitpunkt. Bei den CO_2-betäubten Tieren war die Wundheilung

weniger weit fortgeschritten als bei den unbetäubten Ferkeln. Beim zweiten und dritten Kontrollzeitpunkt ließen sich keine Unterschiede mehr feststellen.
Die Differenzen der Wundkontrollscores zwischen den ersten beiden Zeitpunkten waren signifikant höher bei der CO_2-betäubten Gruppe als bei den unbetäubten Tieren. Somit hatte sich der Zustand der Wunden in der GG1 deutlich schneller verbessert als in der GG4. Dadurch konnten die schlechteren Werte der CO_2-Gruppe bis zur zweiten Kontrolle wieder ausgeglichen werden. Folglich hat CO_2 nach diesen Ergebnissen in der ersten Woche nach der Kastration einen negativen Einfluss auf die Wundheilung, der aber in den folgenden Wochen wieder ausgeglichen wird. Möglicherweise kam eine Verschlechterung der Wundheilung durch Wundinfektionen in der Nachschlafphase zustande. Um diesen Faktor möglichst auszuschalten, wurden die Ferkel bis zum Wiedererlangen des Stehvermögens in eine desinfizierte und gepolsterte Plastikbox gelegt. Eine andere Begründung konnte in einer Relaxation des Musculus cremaster während der CO_2 Betäubung gesehen werden, da diese zu einem Vorfall des Samenstrangstumpfes aus der Kastrationswunde führte. LAUER (1994) konnte dieses Phänomen bei der CO_2/O_2-Betäubung mit 60% CO_2 und 40% O_2 beobachten. Bei RITTERSHAUS (2009) zeigte sich ein Vorfall des Samenstrangstumpfes bei lokaler Betäubung mittels subkutan bzw. intratestikulär injizierten Procains. HERTRAMPF u. MICKWITZ (1979) zitieren POULSEN (1952) mit der Beschreibung der Abnahme der Kontraktionsfähigkeit des Musculus triceps unter zunehmender Kohlensäurekonzentration. Möglicherweise handelte es sich bei dem erschlaffenden Musculus cremaster um einen vergleichbaren Effekt. Bei den eigenen Versuchen konnte der Vorfall des Samenstrangstumpfes regelmäßig nach CO_2-Betäubung beobachtet werden.

5.2.11 Verluste

Keiner der auftretenden Verluste trat akut und in direktem Zusammenhang mit der Kastration und/oder Betäubung auf. Die Ursachen für Ferkelverluste sind vielfältig. Direkt nach der Geburt kann es zu einem Abfall der Körpertemperatur mit Hypoglykämie kommen. Besonders schwache, untergewichtige und überzählige

Ferkel sind betroffen. Der Tod tritt dann letzten Endes durch Verhungern, Erdrücken oder Infektionskrankheiten ein (PLONAIT 2004c). Ausgesetzte Saugakte, Verdrängung von den Zitzen durch stärkere Ferkel und Milchmangel der Sau sind entscheidende Faktoren, die die Überlebensfähigkeit der Neonaten reduzieren.

In diesem Versuch traten alle Verluste innerhalb von drei Wochen post OP in den GG1 und 2 auf. Wurden alle CO_2-betäubten Tiere und alle unbetäubten Tiere jeweils zu einer Gruppe zusammengenommen, ließ sich der Einfluss von CO_2 auf die Sterblichkeit der Saugferkel statistisch nachweisen. Allerdings gelang dieser Nachweis beim direkten Vergleich der entsprechenden Gesamtgruppen (GG1 vs. GG4, GG2 vs. GG3) nicht. Bisher konnte eine entsprechende Wirkung von CO_2 dem wissenschaftlichen Schrifttum nach nicht beobachtet werden. Denkbar wäre eine allgemeine Schwächung der Ferkel durch die Gasinsufflation. Die abfallende Herzfrequenz als wichtiger Vitalparameter, wie auch der Kreislaufscore spiegelten eine enorme Mehrbelastung der CO_2-betäubten Tiere wider. Möglicherweise führte dies zu einer Verschiebung der Rangordnung zugunsten der nicht betäubten Tiere. STEENBLOCK (2002) konnte in entsprechenden Verhaltensbeobachtungen jedoch keine Verschiebung der Saugordnung feststellen. Auch ausgesetzte Saugakte wurden innerhalb von 24 Stunden durch vermehrtes Säugen kompensiert. Eine andere Erklärung wäre die Schädigung der Atemschleimhäute und eine daraus folgende erhöhte Krankheitsanfälligkeit.

Der ursächliche Zusammenhang zwischen den Verlusten und der Gasapplikation ließ sich mit den vorliegenden Untersuchungsergebnissen nicht näher erklären.

5.3 Zusammenfassende Beurteilung und Ausblick

Die Schmerzhaftigkeit der Kastration konnte hier durch Bewertung der Lautäußerungen und der Abwehrbewegungen sowie der Schmerzreaktionen auf chirurgische Stimuli nachgewiesen werden. Auch die Sympathikusaktivierung, die

sich in erhöhten Puls- Herz- und Atemfrequenzen äußerte, zeigte die Schmerzhaftigkeit der Kastration.
Die Insufflation mit CO_2 bewirkte eine gewisse Dämpfung der Schmerzreaktionen, wie auch der Lautäußerungen und der Abwehrbewegungen. Ob diese Veränderungen auf eine tatsächlich einsetzende Analgesie oder nur auf einer allgemeinen Depression des Nervensystems beruhten, konnte nicht geklärt werden.
Die EEG-Aufzeichnungen zeigten in den meisten Fällen keinen operationsfähigen Zustand. Der Großteil der Tiere war zu wenig betäubt. Dagegen zeigten einige wenige Tiere zu tiefe EEG-Stadien. Narkosetypische EEG-Veränderungen fehlten. Daher sollte die CO_2-Betäubung nicht als vollwertige Narkoseform betrachtet werden. Die ungenügend betäubten Tiere konnten nicht als schmerzfrei angesehen werden.
Besonders kritisch zu sehen war die Verlangsamung der Herzfrequenz während der CO_2-Betäubung. Dieser Faktor führte zu der starken Verschlechterung des Herz-Kreislaufzustandes der Ferkel. Haut- wie auch Schleimhautverfärbungen und das Auftreten von Schnapp- und Maulatmung waren die Folge. Sehr eindrucksvoll zeigte sich auch die Häufung von Herzarrhythmien während der Insufflation. Bedenklich waren auch die EKG-Veränderungen in Form einer zackenförmigen Erhöhung der T-Welle. Obwohl kein Tier unmittelbar in oder nach der Betäubung verendete, müssen diese Parameter als lebensbedrohend eingestuft werden und gehen keinesfalls mit der Forderung nach mehr Tiergerechtheit der Schweine konform.
Auch kurzfristig bis zur Etablierung einer kastrationsfreien Methode in der EU sollte die Betäubung mittels CO_2 nicht als Möglichkeit in Betracht gezogen werden, da sie im Widerspruch zu den Forderungen nach einer Verbesserung des Tierschutzes steht.

6 Zusammenfassung

Maren Hoppe (2011):

Evaluation der Schmerzausschaltung bei der Kastration männlicher Saugferkel unter CO_2-Betäubung

Das Ziel der vorliegenden Arbeit war die Evaluation der automatisierten Betäubung von Saugferkeln mit CO_2/O_2 für die Kastration. Zusätzlich sollte hierfür der optimale Applikationszeitpunkt eines NSAIDs (*Finadyne RPS*®, 2,2mg/kg Körpergewicht i.m.) ermittelt werden.

Dazu wurden 162 bis zu sieben Tage alte Ferkel mit dem automatisierten CO_2-Narkosegerät *„Pigsleeper“* der Fa. *Schippers*, Kerken, Niederlande, betäubt. Dieses arbeitete mit einem Gasgemisch aus 70% CO_2 und 30% O_2, mit dem die Ferkel 75 Sekunden insuffliert wurden. Ein Teil der Tiere wurde dabei chirurgisch kastriert, der andere lediglich in der Apparatur fixiert. Ebenso wurde mit Kontrolltieren verfahren. Ein Teil der Kontrolltiere wurde ohne Anschluss an das Gassystem in dem Gerät lediglich fixiert, der andere Teil wurde zusätzlich kastriert.

Des Weiteren erhielten Teilgruppen dieser vier Gruppen entweder kein NSAID, 20 Minuten ante operationem NSAIDs oder 60 Minuten ante operationem NSAIDs.

Während des Vorgangs der Betäubung und/oder Kastration bzw. Fixation wurden EEG-Aufzeichnungen durchgeführt. Zudem wurde ein fortlaufendes EKG registriert. Des Weiteren erfolgten Messungen des Pulses und der Sauersättigung vor und nach Behandlung. Die Lautäußerungen und Abwehrbewegungen der Ferkel während der Versuchsdurchführung wurden mittels eines Scoresystems bewertet, ebenso wie die Reaktionsheftigkeit während der Kastration. Nach der Entnahme des Ferkels aus dem Gerät wurde der Kreislaufzustand beurteilt. In den folgenden drei Wochen wurden Wundheilungskontrollen durchgeführt.

Bei den CO_2-betäubten Tieren ließ sich eine gewisse Verringerung der Schmerzreaktionen auf die Kastration erkennen. Allerdings konnte im EEG kein operationsfähiges Stadium nachgewiesen werden. Die meisten Tiere zeigten lediglich eine geringe Depression des Wach-EEGs. Bei einigen wenigen Tieren flachte das EEG allerdings ab zu langen Phasen von Isoelektrizität, welche eine zu tiefe Betäubung kennzeichnen. Während der CO_2-Insufflation kam es zudem bei allen Ferkeln zu einem starken Absinken der Herzfrequenz. Im EKG ließen sich Frequenzen von bis zu 20 QRS-Komplexen pro Minute erkennen. Zudem nahm die Anzahl der auftretenden Herzarrhythmien im Vergleich zu den unbetäubten Tieren signifikant zu. Im EKG zeigten sich Veränderungen in Form einer zackenartigen Erhöhung der T-Welle. Das lässt auf eine Hyperkaliämie infolge einer eintretenden Azidose schließen. Bei den Kreislaufbeobachtungen der CO_2-insufflierten Tiere zeigten sich regelmäßig Ferkel mit zunächst verlangsamter und dann erhöhter Herz- und Atemfrequenz. Häufig trat in dieser Gruppe Maul- und Schnappatmung auf. Zudem war die Hautfarbe oft blass-gräulich verändert.

Diese Parameter zeigten einen für das Ferkel in der CO_2-Betäubung lebensbedrohlichen Zustand, der aufgrund seiner Wirkungsweise im ZNS nicht mit der eines Narkotikums verglichen werden kann. Zudem war die Schmerzausschaltung unzureichend. Eine Schmerzreduktion intra operationem durch *Finadyne RPS*® konnte nicht eindeutig nachgewiesen werden.

Es ist daher dringend davon abzuraten, die CO_2-Betäubung flächendeckend für die Saugferkelkastration einzusetzen. Auch als Übergangslösung bis zur Einführung einer langfristigen Alternativmethode ist sie nicht geeignet. Zum einen ist das Risiko der Verluste hoch, zum anderen sind eine Verbesserung der Tiergerechtheit und die Minderung von Schmerzen und Leiden mit dieser Methode nicht gegeben.

7 Summary

Maren Hoppe (2011):

Evaluation of anaesthetic effects of CO_2 inhalation during castration of male sucking piglets

The aim of this study was to evaluate automated anaesthesia of sucking piglets with CO_2/O_2 for castration. In addition, an effective time point for the application of a NSAID (*Finadyne RPS®*, 2.2 mg/kg body weight i.m.) should be determined.
For this purpose up to seven day old piglets were anaesthetised using the anaesthetic machine *„Pigsleeper"*, manufactured by the *Schippers* company, Kerken, Netherlands. Piglets were exposed to a gas mixture of 70% CO_2 and 30% O_2 over 75 seconds. 162 pigs were randomly divided up into four groups. Group 1 was surgically castrated under CO_2-anaesthesia. Group 2 inhaled CO_2 and were fixed in the apparatus without castration. Group 3 were fixed in the apparatus without castration and without CO_2 inhalation. The last group (group 4) was surgically castrated without the apparatus being connected to the gas system.
These four groups were further divided into three subgroups of animals: with application of flunixine 20 minutes prior to castration, application of flunixine 60 minutes prior to castration and no analgesic medication.
During the procedure of anaesthesia and/or castration or fixation, EEG readings were recorded. Additionally, a continuous ECG was written. The oxygen saturation and pulse frequencies were measured by pulse oximetry before and after treatment. Vocalisation and defensive movements of the piglets during the experimental procedure as well as the intensity of reactions during the actual castration were observed and evaluated using a score system. The condition of the circulatory system of the animals was evaluated after removal from the apparatus. In the following three weeks, the wound healing was controlled three times.
In the CO_2 anaesthetised animals, a certain reduction in pain reaction during castration was observed. However, in the EEG readings a stage suitable for

operation could not be observed. Most animals only showed a low-grade depression compared to an awake EEG. Single animals showed an isoelectric EEG for long periods, consistent with very deep anaesthesia. Heart rate decreased significantly during CO_2 inhalation in all animals. In single piglets heart rate dropped to 20 QRS complexes per minute. In addition, the incidence of cardiac arrhythmias rose significantly compared to non-anaesthetised animals. The ECG showed spike-like elevations of the T-wave suggesting hyperkalemia due to acidosis. Mouth breathing and gasping occurred often after CO_2 inhalation with a grey discoloration of the skin.

These parameters indicate a life-threatening and stressful condition for piglets during CO_2 anaesthesia. Furthermore, the analgesic effects were insufficient. An improvement of pain reduction with *Finadyne RPS®* could not be clearly shown.

It has to be discouraged to use CO_2 inhalation for piglet castration. On one hand, the risk of piglet losses is too high, and on the other hand an improvement of animal welfare and a reduction of pain and suffering is not provided by this method.

8 Literaturverzeichnis

ALMANJD, P., u. G. BILKEI (2008):
Neue Erkenntnisse über die Anästhesie bei der Saugferkelkastration
Tieraerztl Umschau 63, 496-500

AMPUERO KRAGTEN, S., S. DUBOIS u. G. BEE (2007):
Die elektronische Nase zur Erkennung des Ebergeruchs.
[Internet:
http://www.agroscope.admin.ch/data/publikationen/pub_AmpueroS_2007_16765.pdf]

ASSOCIATION OF VETERINARY ANAETHETISTS (2009):
AVA statement on castration of pigs under CO2 anaesthesia.
Posieux/Bern
[Internet:
http://www.ava.eu.com/resources/uploads/images/ethics%20and%20welfare%20page/AVA%20Statement%20pig%20castration30th%20nov.pdf]

AWONIYI, C., T. HASSON, V. CHANDRASHEKAR, R. E. FALVO u. B. D. SCHANBACHER (1986):
Regulation of Gonadotropin-Secretion in the Male - Effect of an Aromatization Inhibitor in Estradiol-Implanted, Orchiectomized Dogs.
J Androl 7, 234-239

BAUMANN, B. (2002):
Castration of piglets under general anesthesia.
Agrarforschung 9, Nr.1, 8-13

BAUMGARTEN, F.E. (1843):
Vulnus, Wunde.
In: BAUMGARTEN, F.E.: Lehrbuch der Chirurgie.
Verlag Sorgesche Buchhandlung, Bd. 3., S.27

BERCHTOLD, J. (1998):
Untersuchungen zur Diagnose und Behandlung systemischer Azidosen bei Kälbern.
Fachbereichs Veterinärmedizin
Berlin, Freien Univ., Diss.

BICKHARDT, K. (2004):
Muskelerkrankungen.
In: WALDMANN, K. H., u. WENDT, M. (Hrsg.): Lehrbuch der Schweinekrankheiten.
4. Auflage, Verlag Parey, Stuttgart, S. 241-250

BOYLE, L. A., u. L. BJÖRKLUND (2007):
Effects of fattening boars in mixed or single sex groups and split marketing on pig welfare.
Anim. Welfare 16, Nr.2, 259-262

DEUTSCHE GESELLSCHAFRT FÜR KLINISCHE NEUROPHYSIOLOGIE UND FUNKTIONELLE BILDGEBUNG (2008):
Richtlinien für die Ausbildung in der klinischen Elektroenzephalographie (EEG) im Rahmen der Fortbildung in der klinischen Neurophysiologie.
Darmstadt
[internet: http://www.dgkn.de/fileadmin/richtlinien_pdf/EEG1.pdf]

DEUTSCHER BAUERNVERBAND, VERBAND DER FLEISCHWIRTSCHAFT E. V., HAUPTVERBAND DES DEUTSCHEN EINZELHANDELS (2008):
Gemeinsame Erklärung zur Ferkelkastration.
[Internet: http://www.zds-bonn.de/duesseldorfererklaerung_zur_ferkelkastration.html]

DIETZ, O. (1985):
Wundinfektionskrankheiten.
In: DIETZ, O.: Lehrbuch der Allgemeinen Chirurgie für Tierärzte.
Verlag Enke, Stuttgart, S. 154-170

DUNSHEA, F. R., C. COLANTONI, K. HOWARD, I. MCCAULEY, P. JACKSON, A. LONG, S. LOPATICKI, E.A. NUGENT, J.A. SIMONS, J. WALKER u. D.P. HENNESSY (2001):
Vaccination of boars with GnRH vaccine (Improvac) eliminates boar taint and increases growth performance.
J Anim Sci 79, 2524-2535

EBE, M., u. I.HOMMA (1998):
Leitfaden für die EEG-Praxis - ein Bildkompendium
2. Aufl., Verlag Fischer, Frankfurt a. M.

EBERT, R. (1989):
Die CO_2- Schlachtschweinebetäubung aus anästhesiologischer Sicht.
München, Ludwig-Maximilians-Univ., Tierärztl. Fak., Diss.

EUROPEAN FOOD SAFETY AUTHORITY (2004):
Opinion of the Scientific Panel on Animal Health and Welfare on a request from the Comission related to welfare aspects of the castration of piglets.
EFSA Journal 91, 1-18

ERHARDT, W., C. RING, H. KRAFT, A. SCHMID, H.M. WEINMANN, R. EBERT, B. SCHLAGER, M. SCHINDELE, R. HEINZE, N. LOMHOLT, E. KALLWEIT, M. HENNING, J. UNSHELM, H. BERNER u. G. BLUMEL (1989):
CO_2-Betäubung von Schlachtschweinen aus anästhesiologischer Sicht.
Deut.Tierärztl. Woch. 96, Nr.3, 92-99

FALVO, R.E., V. CHANDRASHEKAR, R.D. ARTHUR, A.R. KUENSTLER, T. HASSON, C. AWONIYI u. B.D. SCHANBACHER (1986):
Effect of Active Immunization against LHRH or LH in Boars - Reproductive Consequences and Performance Traits.
J Anim Sci 63, 986-994

FRANK, B. (2001):
Untersuchungen des verarbeiteten Elektroenzephalogramms als Parameter für das Anästhesiemonitoring beim Hund
Hannover, Tierärztl. Hochschule, Diss.

FREDRIKSEN, B., M. F. I. FURNOLS, K. LUNDSTROM, W. MIGDAL, A. PRUNIER, F. A. M. TUYTTENS u. M. BONNEAU (2009):
Practice on castration of piglets in Europe.
The Animal Consortium 3, Nr.11, 1480-1487

FEDERATION OF VETERINARIANS IN EUROPE (2001):
Pig Castration - FVE Position Paper.
[Internet:
http://www.agrowebcee.net/fileadmin/subnetwork/awsee/fawro/DOCS/Porcine/porcine2%28en%29.pdf]

GASTHUYS, F.M.R., u. A. DE MOOR (2006):
Inhalationsanästhesie.
In: DIETZ, O. u. B. HUSKAMP: Handbuch Pferdepraxis.
3.Aufl., Verlag Enke, Stuttgart, S. 89-104

GERRITZEN, M.A., M. KLUIVERS-POODT, H.G.M. REIMERT, V. HINDLE u. E. LAMBOOIJ (2008):
Castration of piglets under CO_2-gas anaesthesia.
The Animal Consortium 2, Nr.11, 1666-1673

GILLE, U. (2005):
Harn- und Geschlechtsapparat, Apparatus urogenitalis.
In: SALOMON, F.V., H. GEYER u. U. GILLE (Hrsg.):Anatomie für die Tiermedizin.
1. Aufl., Verlag Enke, Stuttgart, S. 389-395

GUEDEL, A. E. (1944):
Inhalation Anesthesia - A Fundamental Guide
The Macmillan Company, New York

GUTZWILLER, A. (2003):
Kastration von Ferkeln unter Lokalanästhesie.
Agrarforschung 10, Nr.1, 10-13

HEINRITZI, K. (2006):
Besonderheiten bei der speziellen Untersuchung des Schweins.
In: HEINRITZI, K., H. R. GINDELE, G. REINER u. U. SCHNURRBUSCH: Schweinekrankheiten.
1. Aufl., Verlag Ulmer, S. 23-27

HEINRITZI, K., R. LANGHOFF, A. ZANKL, C. SCHULZ, S. ELICKER, A. PALZER, M. RITZMANN u. S. ZOLS (2008):
Alternatives to the conventional castration of piglets in Europe - State of the Art.
Prakt. Tierarzt 89, Nr.8, 654-663

HEINRITZI, K., u. I. MÜHLBAUER (2009):
CO_2-Narkose bei der Kastration - warum nicht in Deutschland?
In: 24. Bayerische Tierärztetage, Rosenheim 2009,
Kongr.ber. S. 84-88

HERTRAMPF, B. u. G.V. MICKWITZ, G. V. (1979):
Betäubung von Schlachttieren - Teil I: CO_2-Betäubung.
Deut. Tierärztl. Woch. 86, Nr. 9, 362-376, Nr. 11, 444-451

HOENDERKEN, R., J.G. VANLOGTESTIJN, W. SYBESMA u. W.J.M. SPANJAARD (1979):
Kohlendioxid-Betäubung von Schlachtschweinen.
Fleischwirtschaft 59, Nr.2, 1572-1574

INTERNATIONAL ASSOCIATION FOR THE STUDY OF PAIN (1979):
IASP Pain Terminology.
[Internet: http://www.iasp-pain.org/AM/Template.cfm?Section=Pain_Defi...isplay.cfm&ContentID=1728]

KARAN, D.-S., ECKERTZ, S. (2002):
Schmerz.
[Internet: http://www.sinnesphysiologie.de/proto02/sinntops/schmerz/Local_Publish/index.html]

LAHRMANN, K.-H., M. KMIEC u. R. STECHER (2006):
Die Saugferkelkastration mit der Ketamin/Azaperon-Allgemeinanästhesie: tierschutzkonform, praktikabel, aber wirtschaftlich?
Prakt. Tierarzt 87,:Nr.10, 802-809

LAUER, S. (1994):
Die CO_2/O_2-Anaesthesie zur routinemäßigen Kastration von Ferkeln - Beurteilung von Praxiseignung und Tierschutzrelevanz anhand von Verhaltensbeobachtungen.
München, Ludwig-Maximilians- Univ., tierärztl. Fak., Diss.

LAUER, S., A. ZANELLA, A. KORTEL, J. HENKE, S. SCHARVOGEL, J. UNSHELM, M. GOLDBERG, H. EICHINGER, O. PETROWICZ, T. BRILL u. W. ERHARDT (1994):
Die CO_2/O_2-Anästhesie zur Kastration von männlichen Ferkeln (vorläufige Ergebnisse).
Deut. Tierärztl. Woch. 101, Nr.3, 110-113

LEWIN, W. (1998):
Eine Methode zur nichtinvasiven EEG-Ableitung am wachen, stehenden Pferd.
Berlin, Freie Univ., Fachber. Veterinärmed., Diss.

LOMHOLT, N. (1982):
CO_2-Betäubung von Schlachtschweinen - Erwiderung.
Fleischwirtschaft 62, Nr.4, 488-489

LOMHOLT, N. (1983):
CO_2-Betäubung von Schlachtschweinen, Behauptungen und Realitäten.
Deut. Tierärztl. Woch. 90, Nr.2, 66-68

LÖSCHER, W. (1997):
Pharmaka mit Wirkung auf das Zentralnervensystem.
In: LÖSCHER, W., F. R. UNGEMACH u. R. KROKER (Hrsg.): Pharmakotherapie bei Haus- und Nutztieren.
3. Aufl., Verlag Parey, Berlin, S. 67-117

MALLY, P. (2002):
Einfluss unterschiedlicher chirurgischer Stimulationsintensitäten auf das Elektroenzephalogramm, hämodynamische Parameter und die Pupillenweite während der Isofluranarnästhesie beim Schaf.
Hannover, Tierärztl. Hochschule, Diss.

MARTIN, M. (2001):
Das EKG beim Kleintier - Ein Leitfaden für die Praxis
1. Aufl., Verlag Parey, Berlin

MARTOFT, L., H. STØDKILDE-JØRGENSEN, A. FORSLID, H.D. PEDERSEN u. P.F. JØRGENSEN (2003):
CO_2 induced acute respiratory acidosis and brain tissue intracellular pH: a ^{31}P NMR study in swine.
Laboratory Animals 37, 241-248

MEINECKE, B. (2000):
Steroidhormone und Leydigzellfunktion.
In: ENGELHARDT, W.V., u. G. BREVES (Hrsg.): Physiologie der Haustiere.
1.Auflage, Enke Verlag, Hannover, S.542f

METTE, A. (2008):
Untersuchungen zur Isofluran-Narkose beim Schwein.
München, Ludwig-Maximilians-Univ., Tierärztl. Fak., Diss.

NICKEL, R., SCHUMMER, A., SEIFERLE, E. (1975):
Männliche Geschlechtsorgane - Organa genitalia masculina.
In: NICKEL, R., A. SCHUMMER u. E. SEIFERLE (Hrsg.): Lehrbuch der Anatomie der Haustiere.
3. Aufl., Verlag Parey, Berlin, Hamburg, Bd.2, S.307-320, 334-335)

OTTO, K., S. VOIGT, E. DEEGEN, S. PIEPENBROCK u. J. SABIEL (1994):
Methoden der Narkosetiefenbestimmung beim Pferd - II. Elektroenzephalographie.
Pferdeheilkunde 10, 339-347

OXYPLUS
Operator´s Manual

PAULY, C., T. KUPPER u. P. SPRING (2009):
Jungebermast - eine Möglichkeit in der Schweiz?
Agrarforschung 16, Nr.1, 22-27

PLONAIT, H. (2004a):
Die Kastration männlicher Schweine (Castration).
In: WALDMANN, K. H., u. M. WENDT (Hrsg.): Lehrbuch der Schweinekrankheiten.
4. Aufl., Verlag Parey, Stuttgart, S. 542-546

PLONAIT, H. (2004b):
Funikulitis.
In: WALDMANN, K. H., u. M. WENDT (Hrsg.): Lehrbuch der Schweinekrankheiten.
4. Aufl., Verlag Parey, Stuttgart, S. 546-547

PLONAIT, H. (2004c):
Perinatale Sterblichkeit.
In: WALDMANN, K. H., u. M. WENDT (Hrsg.): Lehrbuch der Schweinekrankheiten.
4. Aufl., Verlag Parey, Stuttgart, S. 503-507

POSPIESZNY, U.-J. (1996):
Methodik der Ableitung des Elektroenzephalogramms bei Hausschweinen unter besonderer Berücksichtigung epidermaler Elektroden.
Berlin, Freie Univ., Diss.

POULSEN (1952):
zit. nach HERTRAMPF u. MICKWITZ (1979)

QS QUALIÄT UND SICHERHEIT GMBH (2009a):
Ein Jahr Düsseldorfer Erklärung - Umsetzung auf gutem Weg.
[Internet: http://www.q -
s.de/fileadmin/QS_Fileadmin/tt_news/09_10_02_Duesseldorfer_Erklaerung.pdf]

QS QUALIÄT UND SICHERHEIT GMBH (2009b):
Schmerzmitteleinsatz bei der Ferkelkastration.
[Internet: http://www.q -
s.de/fileadmin/QS_Fileadmin/tt_news/09_03_06_Schmerzmitteleinsatz_bei_Ferkelka
stration.pdf]

RAJ, A.B.M., S.P. JOHNSON, S.B. WOTTON u. J.L. MCINSTRY (1997):
Welfare Implications of Gas Stunning Pigs: 3. the Time to Loss of Somatosensory Evoked Potentials and Spontaneous Electrocorticogram of Pigs During Exposure to Gases.
Vet J 153, Nr.3, 329-340

RITTERSHAUS, D. (2009):
Topische Anästhesieverfahren zur Schmerzreduktion bei der Saugferkelkastration.
Hannover, Tierärztl. Hochschule, Diss.

RITTERSHAUS, D., M. KIETZMANN, P.-C. SCHOEN, S. DUEPJAN u. K.-H. WALDMANN (2009):
Topical anaesthetic techniques during castration of male suckling piglets.
In: 14. ISAH Congress, Vechta, 2009,
Kongr.ber.

SAGER, D. M. (1993):
Definition und Klassifikation von Schmerz.
[Internet: http://www.uni-giessen.de/tierschutz/4132.htm]

SCHAER, M. (1995):
Hyperkalemia and Hypernatremia.
In: ETTINGER, S.J. u. E.C. Feldman (Hrsg.): Textbook of Vetrinary Internal Medicine - Diseases of the Dog and Cat.
4. Aufl.,Verlag Saunders Company, Bd.1, S. 46

SCHNEIDER, H.-J. (1985):
Wunde.
In: DIETZ, O. (Hrsg.): Lehrbuch der Allgemeinen Chirurgie für Tierärzte.
5. Aufl., Verlag Enke, Stuttgart, S.117-131

SCHNORR, B. (1989):
Entwicklung der Harn- und Geschlechtsorgane.
In: SCHNORR, B.:Embryologie der Haustiere - ein Kurzlehrbuch.
2. Aufl., Verlag Enke, S.167

SCHULZ, C. (2007):
Auswirkung einer Isofluran-Inhalationsnarkose auf den Kastrationsstress und die postoperativen Kastrationsschmerzen von Ferkeln.
München, Ludwig-Maximilians-Univ., Tierärztl. Fak., Diss.

SPRING, P., T. KUPPER u. C. PAULY (2009):
ProSchwein: Alternativen zur konventionellen Ferkelkastration.
Agrarforschung 16, Nr.1, 16-21

STEENBLOCK, I. (2002):
Untersuchungen zur Betäubung von Kastrationsferkeln mit Kohlendioxid und Kohlendioxid/Argon und zur postoperativen Belastung.
Bern, Univ. Veterinärmed. Fak., Diss.

TOPAGRAR ONLINE (2008):
Norwegen verschiebt Verbot der Ferkelkastration.
[Internet:
http://www.topagrar.com/index.php?option=com_content&task=view&id=8223&Itemid=520]

VON BORELL, E. (2008):
Standpunkte, Praktiken und Kenntnisstand zur Ferkelkastration in Europa (PIGCAS) - Projektziele und erste Ergebnisse.
J. Verbrauch. Lebensm. 3, Nr.2, 216-220

WALDMANN, K. H., K. OTTO u. W. BOLLWAHN (1994):
Ferkelkastration - Schmerzempfindung und Schmerzausschaltung.
Deut. Tierärztl. Wochen. 101, 105-109

WENGER, S., N. JAGGIN, M. DOHERR u. U. SCHATZMANN (2002):
Halothane anaesthesia for piglet castration: field study to evaluate costs and benefits.
Tierärztl. Prax. G. N. 30, Nr. 3, 164-170

YIN, S.A. u. I. NOLTE (2007):
Praxisleitfaden Hund und Katze.
2. Aufl., Verlag Schlütersche, Davis, USA/ Hannover, S. 316-330

ZAMARATSKAIA, G., u. E.J. SQUIRES (2008):
Biochemical, nutritional and genetic effects on boar taint in entire male pigs.
The Animal Consortium 3, Nr. 11, 1508-1521

ZIDEK, K. (1994):
Wasser- und Elektrolythaushalt.
In: SIEGENTHALER, W. (Hrsg.): Klinische Pathophysiologie.
7. Aufl., Verlag Thieme, Stuttgart, S. 183-184

ZIMMERMANN, M. (1986):
Ethical Considerations in Relation to Pain in Animal Experimentation.
Acta Physiol. Scand. 128, 221-233

ZIMMERMANN, M. (1991):
Zur Frage der Schmerzempfindlichkeit des Feten: Neuro-, psycho- und verhaltensphysiologische Aspekte.
Der Schmerz, 5, 122-130

Verordnungen

1990
Verordnung EWG/2377/90 des Rates vom 26. Juni 1990 zur Schaffung eines Gemeinschaftsverfahrens für die Festsetzung von Hoechstmengen für Tierarzneimittelrueckstände in Nahrungsmitteln tierischen Ursprungs
Amtsblatt L 224 vom 18. August 1990 S. 1

2001
Verordnung über die hygienischen Anforderungen und amtlichen Untersuchungen beim Verkehr mit Fleisch (Fleischhygiene-Verordnung) in der Fassung vom 29.Juni 2001
Bundesgesetzblatt I Nr.32 vom 04.Juli 2001 S. 1366

2001
Richtlinie 2001/93/EG der Kommission vom 09. November 2001 zur Änderung der Richtlinie 91/630/EWG über Mindestanforderungen für den Schutz von Schweinen
Amtsblatt L 316 vom 01. Dezember 2001 S. 36

2004
Verordnung EG/854/2004 des europäischen Parlaments und des Rates vom 29. April 2004 mit besonderen Verfahrensvorschriften für die amtliche Überwachung von zum menschlichen Verzehr bestimmten Erzeugnissen tierischen Ursprungs
Amtsblatt L 226 vom 25. Juni 2004 S.83

2006
Verordnung zum Schutz von Tieren im Zusammenhang mit der Schlachtung oder Tötung (Tierschutz-Schlachtverordnung - TierSchlV)
Bundesgesetzblatt I vom 03.03.1997 S. 405
Geändert durch Art. 19 des Gesetzes Bundesgesetzblatt I vom 13.4.2006 S. 855

2006
Tierschutzgesetz (TierSchG)
Ausfertigungsdatum: 24.07.1972
Bundesgesetzblatt I vom 18.05.2006 S.1206
Geändert durch Art. 20 des Gesetzes Bundesgesetzblatt I vom 9.12.2010 S. 1934 geändert worden ist"

Danksagung

Mein Dank geht an Herrn Prof. Dr. Waldmann für die Überlassung des Themas, Rückendeckung und die konstruktiven Diskussionen.

Vielen Dank an Frau Prof. Dr. Kästner und Frau Dr. Tünsmeyer für die Hilfestellungen bei der EKG-Auswertung. Herzlichen Dank, Frau Prof. Dr. Kästner, für die schnelle, gründliche und hilfreiche Korrektur!

Ein großes Dankeschön geht an alle Mitarbeiter der Klinik für kleine Klauentiere für ein gutes Miteinander, viel Hilfsbereitschaft und eine schöne und lustige Zeit!

Insbesondere möchte ich Arnim, Susi, Melanie, Angie, Yvonne, Maria, Kati, Anika, Regina und Rike danken für ihre fachliche, moralische und oft auch essbare Unterstützung. Melanie, Angie und Yvonne: danke, dass ihr so tolle Kollegen wart!

Mein besonderer Dank geht an Dr. Julia Jokiel, die bei allen Problemen und Sorgen stets hilfsbereit war und immer weiter wusste, wenn mal wieder gar nichts mehr ging.

Vielen Dank auch an Melli für flüssiges Englisch!

Danke auch an Herrn Wischnewski für Schoki und Eukalyptusbonbons.

Tausend Dank an meine Eltern, die mich so lange mental und finanziell ausgehalten haben, und an Ole, der mich ertragen musste!